计算机网络技术与安全

田海涛　张　懿　王渊博◎著

U0221812

中国商务出版社
CCTP
CHINA COMMERCE AND TRADE PRESS

图书在版编目（CIP）数据

计算机网络技术与安全 / 田海涛，张懿，王渊博著
. -- 北京 ： 中国商务出版社，2022.10
ISBN 978-7-5103-4431-2

Ⅰ. ①计… Ⅱ. ①田… ②张… ③王… Ⅲ. ①计算机网络－网络安全－研究 Ⅳ. ①TP393.08

中国版本图书馆CIP数据核字(2022)第183161号

计算机网络技术与安全

JISUANJI WANGLUO JISHU YU ANQUAN

田海涛　张懿　王渊博　著

出　　版：中国商务出版社
地　　址：北京市东城区安外东后巷28号　　邮　编：100710
责任部门：教育事业部（010-64283818）
责任编辑：刘姝辰
直销客服：010-64283818
总 发 行：中国商务出版社发行部　（010-64208388　64515150 ）
网购零售：中国商务出版社淘宝店　（010-64286917）
网　　址：http://www.cctpress.com
网　　店：https://shop162373850.taobao.com
邮　　箱：347675974@qq.com
印　　刷：北京四海锦诚印刷技术有限公司
开　　本：787毫米×1092毫米　1/16
印　　张：10.5　　字　数：218千字
版　　次：2023年5月第1版　　印　次：2023年5月第1次印刷
书　　号：ISBN 978-7-5103-4431-2
定　　价：62.00元

凡所购本版图书如有印装质量问题，请与本社印制部联系（电话：010-64248236）

版权所有　盗版必究（盗版侵权举报可发邮件到本社邮箱：cctp@cctpress.com）

前　　言

计算机网络技术在社会中有着广泛的应用，与人们的生产、生活有很大的关系。在大数据时代的背景下，随着数据量的不断增多，网络安全问题成为其中的重要话题。计算机网络技术作为一项技术，为了长期使用，需要执行有效的安全维护工作。对计算机网络技术的使用进行维护与管理，不仅能提高网络的安全性，还能对网络中存在的一系列问题进行解决，实现信息的有效传输和运行。

基于此，本书以“计算机网络技术与安全”为选题，在内容编排上共设置六章，第一章是计算机网络技术概述，内容包括计算机网络与互联网、计算机网络的拓扑结构、计算机网络领域新技术；第二章对计算机网络层次协议进行全面分析；第三章基于计算机网络的物理安全技术，探究计算机网络物理安全概述、计算机网络设备与环境安全、计算机网络的供电系统安全、计算机网络服务器与客户机安全；第四章探讨计算机网络加密与认证技术，内容包括密码学与加密技术、数据加密算法与密钥管理、身份信息认证技术、数字签名与数字证书；第五章解读计算机网络防火墙与入侵检测技术，内容涵盖防火墙及其体系结构、防火墙的主要技术分析、入侵检测技术及其性能评测、入侵检测技术安全维护应用；第六章从三方面——信息化背景下互联网信息安全管理分析、基于计算机视觉的景区人群密度估计技术、智慧教育理念下信息技术与学科教学深度融合，探讨计算机网络技术的多元化创新发展。

本书内容新颖，语言简洁，逻辑清晰，注重章节之间的逻辑性、连贯性等，从而确保内容的完整性和系统性，力争系统地反映计算机网络技术整体知识结构，有助于读者更好地理解与应用。

本书在编写过程中参考和借鉴了许多学者的相关文献和资料，在此表示衷心的感谢。由于笔者水平的限制和出版时间的仓促，书中不免出现一些纰漏，在此恳请专家和读者指正。

目 录

第一章　计算机网络技术概述

第一节　计算机网络与互联网

一、计算机网络

（一）计算机网络的定义

计算机网络是一些相互连接的、以共享资源为目的的、自治的计算机的集合。

网络，是指由计算机或者其他信息终端及相关设备组成的按照一定的规则和程序对信息进行收集、存储、传输、交换、处理的系统。

计算机网络的目的是通过信息传递，实现资源共享。计算机网络连接的设备，包括但不限于计算机，还可以是智能手机、智能电器等。这里强调智能，是因为随着硬件价格的下降，能够接入网络的终端跟计算机没有太大区别，它们都具有 CPU 和操作系统，因此“终端”和“自治的计算机”逐渐失去了严格的界限。

总的来说，计算机网络的组成基本上包括：计算机、网络操作系统、传输介质（包括有线的，如同轴电缆、双绞线和光纤等；无线的，如通信卫星和微波等）以及相应的应用软件四部分。

（二）计算机网络的功能

计算机网络（简称网络）是计算机技术和通信技术紧密结合的产物。它使得不同地理位置的计算机连接起来，实现数据信息的快速传递，这样大大加强了计算机本身的处理能力。计算机网络具有单个计算机所不具备的功能，具体如下：

1. 数据交换和通信

通信功能是计算机网络最基本的功能，也是网络其他各种功能的基础，所以通信功能是计算机网络最重要的功能。数据交换是指计算机网络中的计算机之间或计算机与终端之间，可以快速地相互传递各类信息，包括数据信息、图形、图像、声音和视频流等多媒体信息。如我们可以通过 E-mail 向远在千里之外的朋友发送电子邮件；通过微信、QQ 等工具实现聊天、传送文件资料等功能；电子数据交换将贸易、运输、保险、银行、海关等行业信息用一种国际公认的标准格式，通过计算机网络，实现各企业之间的数据交换，并完成以贸易为中心的业务全过程。

2. 资源共享

资源是指构成系统的所有要素，包括硬件资源、软件资源和数据资源等。之所以提出共享这一概念，是因为计算机的许多资源十分昂贵，如高速打印机、大容量磁盘、数据库、通信线路、文件及其他计算机上的有关信息。为了减少用户投资，提高计算机资源的利用率，用户通过接入计算机网络共享这些资源是计算机网络的目标之一。

(1) 硬件资源：各种类型的计算机、大容量存储设备、计算机外围设备，如网络打印机、绘图仪等。

(2) 软件资源：各种应用软件、工具软件、系统开发所用的支撑软件、语言处理程序、数据库管理系统等。

(3) 数据资源：数据库文件、数据库、办公文档资料等。

(4) 信道资源：通信信道可以理解为电信号的传输介质。通信信道的共享是计算机网络中最重要的共享资源之一。

3. 提高系统的可靠性

在一个系统中，当某台计算机、某个部件或某个程序出现故障时，必须通过替换资源的办法来维持系统的继续运行，以避免系统瘫痪。而在计算机网络中，各计算机可以通过网络互为备份，当某一处计算机发生故障时，可由别处的计算机代为处理，还可以在网络的一些节点上设置一定的备用设备，作为全网络的公用后备，这样极大地提高了计算机网络的可靠性和可用性。

4. 网络分布式处理与均衡负载

网络分布式处理，是指利用网络技术将许多小型机或微型机连成具有高性能的分布式计算机系统，通过采用合适的算法，把要处理的任务分配到网络中地理上分散的计算机上运行，使得它具有解决复杂问题的能力。这样，不仅可以降低软件设计的复杂性，而且还可以大大提高工作效率和降低成本。

当网络中某台计算机的任务负载太重时，通过网络和应用程序的控制和管理，将任务分配到较空闲的计算机上去处理，或由网络中比较空闲的计算机分担负荷，保证整个网络资源相互协作，充分利用计算机资源，就叫作均衡负载。

5. 集中管理

计算机单机使用时，每台计算机都是一个“信息孤岛”。在管理这些计算机时，必须分别管理。而在计算机网络中，可以在某个中心位置实现对整个网络的管理，如军事指挥系统、交通指挥平台等。

6. 综合信息服务

将分散在网络系统中各计算机上的数据资料信息收集起来，从而达到对分散的数据资料进行综合分析处理，并把正确的分析结果反馈给各相关用户的目的。

（三）计算机网络的发展

"计算机科学的历史不长，却在很大程度上改变了人们的生活习惯，给人们的日常生活带来便利。"[①]计算机网络经历了从无到有、从简单到复杂的发展，主要包括以下四个阶段：

1. 第一代计算机网络——远程终端联机阶段

20 世纪 50 年代中后期出现了第一代计算机网络，它是以单个计算机为中心的远程联机系统。在当时，人们把计算机网络定义为：以传输信息为目的而连接起来，实现远程信息处理或进一步达到资源共享的系统。该系统可以说是网络的雏形，标志着计算机网络的诞生。其典型应用是美国航空公司与 IBM 在 20 世纪 50 年代初开始联合研究，20 世纪 60 年代投入使用的飞机订票系统 SABRE-1，它由一台计算机和全美范围内 2000 个终端组成。终端是一台包括显示器和键盘、无 CPU 和内存的计算机外围设备。计算机通过线路控制器与远程终端相连，调制解调器用于将来自计算机的数字信号转化为能够通过电话系统传输的模拟信号，同时也把来自电话系统的模拟信号转化为计算机能够理解的数字信号。收发器的首次使用实现了将穿孔卡片上的数据通过电话线路传输到远地的计算机。

20 世纪 60 年代初期，随着远程终端数量的增加，为了避免一台计算机使用多个线路控制器，出现了多重线路控制器，它可以和多个远程终端相连接，构成面向终端的计算机通信网。人们将这种简单的通信网叫作第一代计算机网络。此网络是以计算机为控制中心，计算机负责进行批处理。终端围绕着中心分布在各处。计算机和终端之间通过公用电话网进行通信，这样做主要从节约资源考虑，方便连接，避免了为每一个用户架设直达的通信线路。

2. 第二代计算机网络——计算机网络阶段

20 世纪 60 年代末，出现了第二代计算机网络，它是多个自主功能的主机通过通信线路互联，形成资源共享的计算机网络。这一阶段比较典型的代表是 1969 年美国国防部创建的 ARPANET 分组交换网络。该网络是基于分组交换的网络技术。

分组交换也称为包交换，它是现代计算机网络的技术基础。在分组交换网中，计算机不是直接通过通信线路互联，而是通过进行接口信息处理的计算机相互连接。节点和连接

① 史海莲.探析计算机网络发展趋势[J].科技资讯，2016，14（13）：18.

这些节点的链路组成了分组交换网，通常称为通信子网。通信子网负责资源子网的数据传输、转接和变换等通信处理工作，由各种通信设备和线路组成。资源子网负责全网的数据处理和向网络用户（工作站和终端）提供网络资源和服务，由网络中的所有主机、终端、终端控制器、外设（如网络打印机、磁盘阵列等）和各种软件资源组成。网络用户对网络的访问可以分为两类：一是本地访问，即对本地主机访问，不经过通信子网，只在资源子网内部进行；二是网络访问，即通过通信子网访问远程主机上的资源。

3. 第三代计算机网络——计算机网络互联阶段

计算机网络互联阶段也有人称为网络体系结构标准化阶段。20 世纪 70 年代末至 90 年代初，出现了第三代计算机网络，它形成统一的网络体系结构和遵循国际标准化协议。在 ARPANET 应用之后，计算机网络得到快速的发展，但由于计算机网络没有统一的标准和规则，导致不同的厂商生产的产品很难实现互联，因此人们迫切希望制定一种开放性的国际标准来约束计算机网络，到了 20 世纪 70 年代末，国际标准化组织的计算机与信息处理标准化技术委员会成立了一个专门机构，研究和制定网络通信标准，以实现体系结构的国际标准。

1984 年，ISO 正式颁布了一个称为“开放系统互联基本参考模型”的国际标准 ISO7498，简称 OSI/RM，即著名的 OSI 七层模型，但该模型并没有在实际中运用，目前网络所使用的体系结构工业标准是 TCP/IPRM（TCP/IP 参考模型，四层协议体系结构）。

这里“开放”的含义是：遵循国际标准化协议的计算机网络具有统一的网络体系结构，网络设备厂商须按照共同认可的国际标准开发自己的网络产品，从而保证不同厂商的产品能在同一个网络中进行通信。

4. 第四代计算机网络——互联网与信息高速公路阶段

20 世纪 90 年代初至今，出现了第四代计算机网络，这一阶段，由于局域网技术的成熟和发展，出现了光纤、高速网络等新技术，使得各种网络可以互联，形成更大规模的互联网络。典型代表是互联网（Internet），特点是互联、高速、智能化与更为广泛的应用。

发展高速网络、网络互联和高速计算机网络正成为最新一代计算机网络的发展方向。1993年，美国政府公布了“国家信息基础设施”行动计划，即信息高速公路计划。所谓的“信息高速公路”是指利用数字化大容量的光纤通信网络，把政府机构、企业、大学、科研机构和家庭的计算机联网，形成一个高速度、大容量、多媒体的信息传输网络。美国政府又分别于 1996 年和 1997 年开始研究发展更加快速可靠的第二代互联网和下一代互联网。

（1）研究智能网络。随着网络规模的增大与网络服务功能的增多，各国正在开展智能网络的研究。Internet 将从一个单纯的大型数据中心发展成为一个更加聪明的高智商网络，以提高通信网络开发业务的能力，并更加合理地进行网络各种业务的管理，真正以分布和开放的形式向用户提供服务。比如，计算机网络可以预测人们对于信息的需求和喜好，用户将通过网站复制功能筛选网站，过滤掉与自己无关的信息网络，并将所需信息以最佳格式展现出来。

智能网络的概念是美国于1984年提出的，这里的“智能”并不是人们通常所理解的含义，它仅仅是一种“业务网”，目的是提高通信网络开发业务的能力，即在原有通信网络的基础上为快速提供新业务而设置的附加网络结构。它的出现引起了各国的极大兴趣并投入研究，1988年，国际电联开始研究智能网络的标准。1992年，ITU-T陆续公布有关智能网络的建议，制定了一个能快速、方便、灵活、经济、有效地生成和实现各种新业务的体系。该体系的目标是应用于所有的通信网络，即不仅可应用于现有的电话网、N-ISDN网和分组网，还适用于移动通信网和B-ISDN网。随着时间的推移，智能网络的应用将向更高层次发展。

(2) 网络可移动性的增强。随着5G移动通信技术的快速发展，以及无线网络技术的演进，计算机网络已摆脱地理环境和距离条件的束缚，几乎在任何时间、任何地点都能实现网络信息的互通，达到一种网络无处不在、无时不有的状态。特别是智能手机的发展，使得网络可移动性成为计算机网络追求的一个重要目标。因此，计算机网络可移动性的增强是历史发展的必然。

二、互联网

（一）网络的定义

目前，大家熟悉的网络有电信网络、有线电视网络和计算机网络。电信网络向用户提供电话、电报和传真等服务，有线电视网络向用户提供电视节目，计算机网络主要用途是传送信息和资源共享。随着技术的发展，计算机网络功能越来越强大，现也能够向用户提供网际协议（Internet Protocol, IP）电话、视频通信以及视频点播等服务。需要说明的是，下面提到的“网络”就是指“计算机网络”，而不是表示电信网络或有线电视网络。

网络是由一组具有通信能力的设备相互连接而形成的。设备可以是主机或称为端系统，如大型服务器、PC、工作站、手机、安全系统等，也可以是集线器、交换机或路由器等网络连接设备，如家庭中，通过无线路由器将智能家电、手机、笔记本式计算机和摄像头等连接起来，就构成了一个无线局域网。无线网的传输介质是电磁波。

因特网又称互联网，是一个专用名词，指世界上最大的覆盖全球的计算机网络，即广域网、局域网及单机按照一定的通信协议（TCP/IP协议）组成的国际计算机网络。因特网并不等同万维网（World Wide Web，WWW），万维网只是一个基于超文本相互链接而成的全球性系统，通过互联网访问。在这个系统中，WWW可以让Web客户端访问Web服务器上的页面。之所以浏览器里输入网址时能看见某网站提供的网页，就是因为浏览器和网站的服务器之间使用的是超文本传输协议（Hyper Text Transfer Protocol，HTTP），因此也有人这样定义，只要应用层采用HTTP，就称为万维网。出于行业习惯，后面我们仍称因特网为互联网。

内部网（Intranet）是一个非开放的、专属的，通常建设在私有网络之上，只是其结构和服务方式和设计都参考 Internet 的模式。

外联网（Extranet）是针对 Intranet 而提出的，如果说 Intranet 是一个内部网络，那么 Extranet 则是指外部的网络。它通常是企业和 Internet 连接，以向用户提供服务的网络，可以理解为 Extranet 是 Intranet 内部网与公用的 Internet 之间的桥梁，也可以被看作是一个能被企业成员访问或其他企业合作的企业 Intranet 的一部分。

（二）互联网的组成

互联网的组成从工作方式上看，可以分为核心部分和边缘部分。

核心部分：由大量网络和连接这些网络的路由器组成。它是为边缘部分提供连通性和交换服务，是互联网中最复杂的部分。在核心部分中很重要的网络设备是路由器，它是一种专用计算机，负责转发收到的分组，是实现分组交换的关键构件。

边缘部分：由所有连接在互联网上的主机组成，这些主机称为端系统，“端”即是“末端”的意思，也就是说是互联网的末端。端系统既可以是十分昂贵的大型计算机，也可以是 PC、智能手机或网络摄像头等。需要说明的是，网络业务提供商（Internet Service Provider, ISP）既可以是核心部分的提供者，向端系统提供服务，也可以拥有一些端系统。

边缘部分利用核心部分所提供的服务，完成通信和资源共享。它由用户直接使用，使众多主机之间能够互相通信并交换或共享信息，称为计算机之间的通信。

边缘部分端系统之间的通信方式分为两大类：客户 / 服务器（Client/Server，C/S）方式和对等（Peer to Peer，P2P）方式。

1. 客户 / 服务器方式

C/S 方式在互联网上最常用，也是传统的方式。它采用“请求 / 响应”的应答模式。当用户需要访问服务器时就由客户机发出“请求”，服务器收到来自客户机的“请求”后做出“响应”，然后执行相应的服务，并把结果返回给客户机，由它进一步处理后再提交给用户。

除了 C/S 方式，目前，还有一种叫浏览器 / 服务器（Browser/Server，B/S）方式，这种访问方式多了 Web 服务器，用户使用 Web 浏览器访问 Web 服务器上的 Web 页面，通过 Web 页面上显示的表格和数据库进行交互操作。从数据库获取的信息能以文本、图像、表格或多媒体对象的形式在 Web 页面上显示。

2. 对等方式

P2P 方式是指两台主机在通信时并不区分哪一个是服务请求方，哪一个是服务提供方。只要两台主机都运行了对等连接软件，它们二者就可以进行平等的、对等连接通信。P2P 的好处有两点：一是人们可以直接连接到其他用户的计算机，进行文件下载，而不需要像过去那样连接到服务器去浏览和下载；二是改变互联网现在的以大网站为中心的状态，它是一种“非中心化”结构，并把权力交还给用户。但从本质上看，仍然是使用客户 / 服务器方式。只是对等连接中的每一台主机既是客户机又同时是服务器。

第二节 计算机网络的拓扑结构

一、计算机网络拓扑的定义

计算机网络设计的第一步就是要解决在给定计算机的位置及保证一定的网络响应时间、吞吐量和可靠性的条件下，通过选择适当的线路、线路容量、连接方式，使整个网络的结构合理，并且成本低廉。为了应付复杂的网络结构设计问题，人们引入了网络拓扑的概念。

拓扑学是几何学的一个分支，它是从图论演变过来的。拓扑学把实体抽象成与其大小、形状无关的点，用连接实体的线路之间的几何关系表示网络结构，反映网络中各实体间的结构关系。

"网络拓扑结构是计算机网络的重要基础信息，它是网络管理、数据模拟和信息收集的基础，同时也是网络安全评估和实施网络攻击的前提。"① 拓扑结构设计是建设计算机网络的第一步，也是实现各种网络协议的基础。计算机网络拓扑结构主要是指通信子网的拓扑构型。

网络的拓扑结构是抛开网络物理连接来讨论网络系统的连接形式，网络中各站点相互连接的方法和形式称为网络拓扑。拓扑结构图给出网络服务器、工作站的网络配置和相互间的连接方式，它的结构主要有总线型结构、星形结构、树形结构、网状结构、环形结构等。

二、网络拓扑结构的基本类型

（一）总线型结构

总线型结构采用一条单根的通信线路（总线）作为公共的传输通道，所有的节点都通过相应的接口直接连接到总线上，并通过总线进行数据传输，如图 1-1② 所示。

① 杨国正，陆余良，夏阳.计算机网络拓扑发现技术研究[J].计算机工程与设计，2006（24）：4710.
② 本节图片均引自李彦，范兴亮.计算机网络技术[M].镇江：江苏大学出版社，2017：7-10.

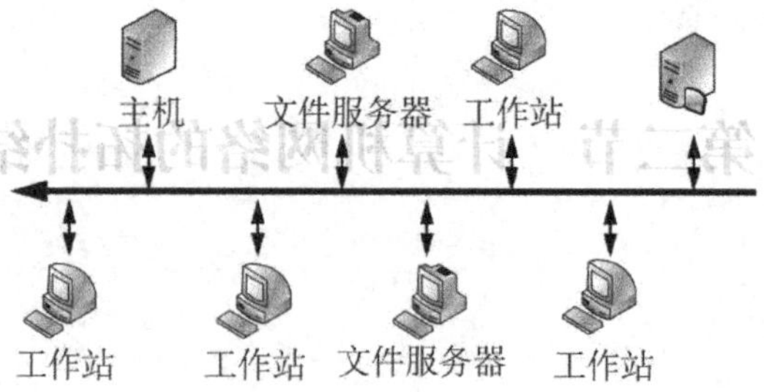

图 1-1　总线型拓扑结构

总线型网络使用广播式传输技术，总线上的所有节点都可以发送数据到总线上，数据沿总线传播。但是，由于所有节点共享同一条公共通道，所以在任何时候只允许一个站点发送数据。当一个节点发送数据，并在总线上传播时，数据可以被总线上的其他所有节点接收。各站点在接收数据后，分析目的物理地址再决定是否接收该数据。

总线型拓扑结构具有以下特点:

(1) 结构简单、灵活，易于扩展。

(2) 共享能力强，便于广播式传输。

(3) 网络响应速度快，但负荷重时性能迅速下降。

(4) 局部站点故障不影响整体，可靠性较高，但是，总线出现故障，则将影响整个网络。

(5) 易于安装，费用低。

（二）星形结构

星形结构的每个节点都由一条点对点链路与中心节点相连，采用集中控制，即任何两点之间的通信都要通过中心节点，如图 1-2 所示。

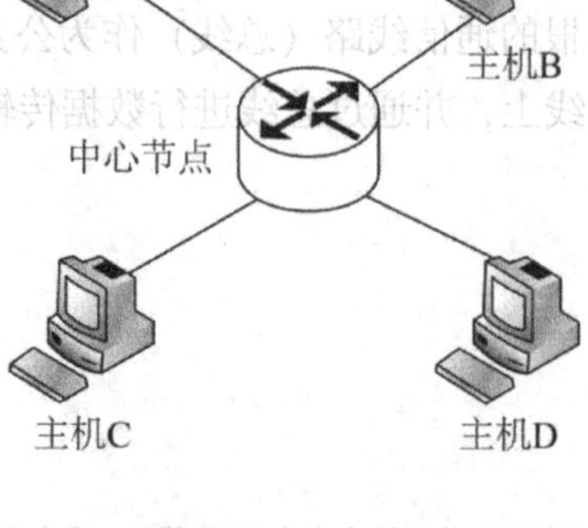

图 1-2　星形拓扑结构

星形网络中的一个节点如果向另一个节点发送数据，先将数据发送到中央设备，然后由中央设备将数据转发到目标节点。信息的传输是通过中心节点的存储转发技术实现的，并且只能通过中心节点与其他节点通信。

星形拓扑结构具有以下特点：

(1) 结构简单，便于管理和维护；易实现结构化布线；结构易扩充，易升级。

(2) 通信线路专用，电缆成本高。

(3) 星形结构的网络由中心节点控制与管理，中心节点的可靠性基本上决定了整个网络的可靠性。

(4) 中心节点负担重，易成为信息传输的瓶颈，且中心节点一旦出现故障，会导致全网瘫痪。

（三）树形结构

树形结构（也称星形总线拓扑结构）是从总线型和星形结构中演变而来的。树形拓扑结构主要用于信息的分层传递。相邻主机之间不进行或很少进行数据交换。现代的大型局域网都采用树形拓扑结构，如图 1-3 所示。

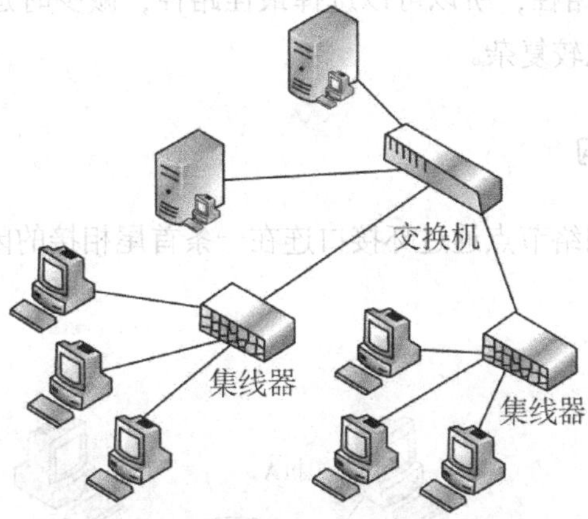

图 1-3　树形拓扑结构

树形拓扑结构具有以下特点：

(1) 易于扩展，故障易隔离，可靠性高。

(2) 电缆成本高。

(3) 对根节点的依赖性大，一旦根节点出现故障，将导致全网不能工作。

（四）网状结构

网状结构是指将各网络节点与通信线路连接成不规则的形状。每个节点至少与其他两个节点相连，或者说每个节点至少有两条链路与其他节点相连。大型互联网一般都采用这种结构，如图 1-4 所示。

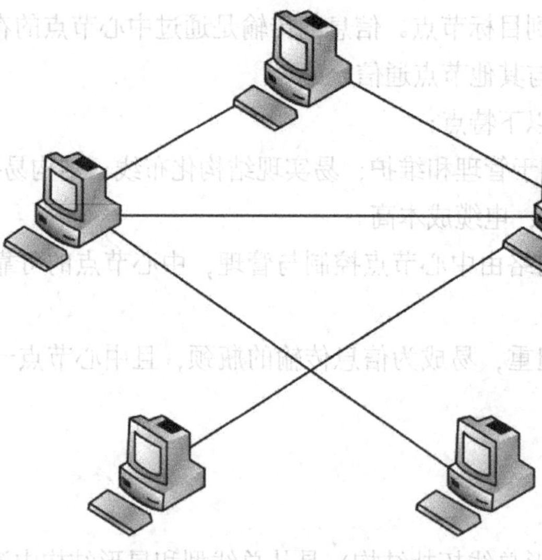

图 1-4　网状拓扑结构

网状拓扑结构具有以下特点：

（1）可靠性高；结构复杂，不易管理和维护；线路成本高；适用于大型广域网。

（2）因为有多条路径，所以可以选择最佳路径，减少时延，改善流量分配，提高网络性能，但路径选择比较复杂。

（五）环形结构

环形结构是各个网络节点通过环接口连在一条首尾相接的闭合环形通信线路中，如图 1-5 所示。

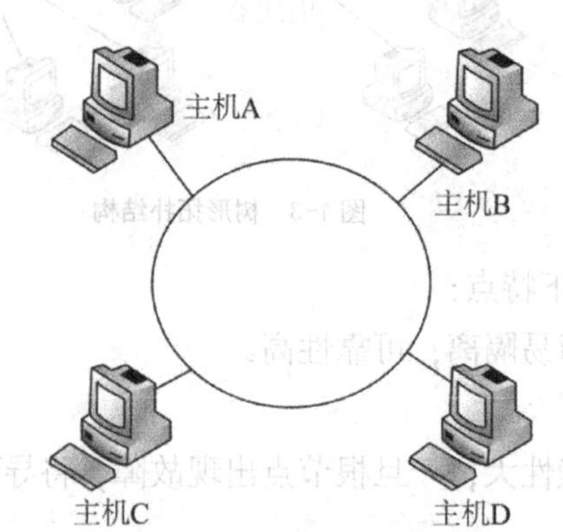

图 1-5　环形拓扑结构

在环形拓扑结构中，设备被连接成环。每个节点设备只能与它相邻的一个或两个节点设备直接通信。如果要与网络中的其他节点通信，数据需要依次经过两个通信节点之间的每个设备。

环形网络既可以是单向的也可以是双向的。单向环形网络的数据绕着环向一个方向发送，数据所到达的环中的每个设备都将数据接收经再生放大后将其转发出去，直到数据到达目标节点为止。双向环形网络中的数据能在两个方向上进行传输，因此，设备可以和两个邻近节点直接通信。

环形结构有两种类型，即单环结构和双环结构。令牌环是单环结构的典型代表，光纤分布式数据接口是双环结构的典型代表。

环形拓扑结构具有以下特点：

(1) 在环形网络中，各工作站间无主从关系，结构简单；信息流在网络中沿环单向传递，延迟固定，实时性较好。

(2) 两个节点之间仅有唯一的路径，简化了路径选择，但可扩充性差。

(3) 可靠性差，任何线路或节点的故障，都有可能引起全网故障，且故障检测困难。

第三节　计算机网络领域新技术

一、云计算

关于云计算的定义有很多种说法，现阶段广为接受的定义是：云计算是一种按使用量付费的服务模式，这种模式提供可用的、便捷的、按需的网络访问，进入可配置的计算资源（包括网络、服务器、存储、应用软件和服务）共享池，这些资源能够被快速提供，只需投入很少的管理工作，或与服务供应商进行很少的交互。

云计算的基本原理是，通过计算分布在大量的分布式计算机上，而非本地计算机或远程服务器中的数据，企业数据中心的运行将与互联网更相似。这使得企业能够将资源切换到需要的应用上，根据需求访问计算机和存储系统。

（一）云计算的主要特点

(1) 超大规模。“云计算管理系统”通常具有较大的规模，亚马逊公有云已经拥有上百万台服务器，阿里云拥有几十万台服务器。企业私有云一般拥有数百上千台服务器，“云”能赋予用户前所未有的计算能力。

(2) 虚拟化。云计算支持用户在任意位置使用各种终端获取应用服务。所请求的资源来自“云”，而不是固定的有形的实体，应用在“云”中某处运行，但实际上用户无须了解，也不用担心应用运行的具体位置。只需要一台笔记本式计算机或一部智能手机，就可以通过网络服务来获取我们需要的一切，甚至包括超级计算这样的任务。

(3) 高可靠性。“云”使用了数据多副本容错、计算节点同构可互换等措施来保障服务的高可靠性，使用云计算比使用本地计算机更可靠。

(4) 通用性。云计算不针对特定的应用，在“云”的支撑下可以构造出千变万化的应用，同一个“云”可以同时支撑不同的应用运行。

(5) 高可扩展性。“云”的规模可以动态伸缩，满足应用和用户规模增长的需要。

(6) 按需服务。“云”是一个庞大的资源池，可按需购买；云可以像自来水、电、煤气那样计费。

(7) 廉价。由于“云”的特殊容错措施，可以采用极其廉价的节点来构成云，用户可以通过云服务获取自己想要的资源，省去了自己建设数据中心高昂的管理成本，因此用户可以充分享受“云”的低成本优势。

（二）云计算的服务模式

云服务是云计算的核心内容，同时是云计算技术实现和业务应用的结合点。云服务是基于互联网的相关服务的增加、使用和交付模式，同时涉及通过互联网来提供动态易扩展且经常是虚拟化的资源。通常由云计算平台提供者将 IT 能力以面向用户的服务形式来进行包装和集成，通过云管理平台和 Internet 或 Intranet 渠道向云服务用户来提供的一种服务。服务形式包括基础设施即服务（Infrastructure as a Service,IaaS）、平台即服务（Platform as a Service，PaaS）和软件即服务（Software as a Service，SaaS）。

(1)IaaS基础设施即服务：用户通过Internet可以从完善的计算机基础设施获得服务。如 IBM 计算云和亚马逊的弹性计算云为个人和企业客户提供虚拟服务器和虚拟存储的服务，并通过 Internet 实现计算资源的按需付费的理念。

(2) PaaS 平台即服务：实际上是指将软件研发的平台作为一种服务，以 SaaS 的模式提交给用户。因此，PaaS 也是 SaaS 模式的一种应用。但是，PaaS 的出现可以加快 SaaS 的发展，尤其是加快 SaaS 应用的开发速度。PaaS 所提供的服务与其他的服务最根本的区别是PaaS提供的是一个基础平台，而不是某种应用。例如，软件的个性化定制开发。

(3) SaaS 软件即服务：是一种通过 Internet 提供软件的模式，厂商将应用软件统一部署在自己的服务器上，用户无须购买软件，而是向提供商租用基于 Web 的软件，来管理企业经营活动。例如，百度云服务器。

（三）云计算的部署模式

云计算部署模式有三种：公有云、私有云和混合云模式。

1. 公有云

公有云通常指第三方提供商为用户提供的能够使用的云，公有云一般可通过 Internet 使用，可能是免费或成本低廉的。公有云的核心属性是共享资源服务，它所有的服务是供别人使用，而不是自己使用。目前，典型的公有云有亚马逊的 AWS、微软的 Windows Azure Platform，以及国内的阿里云等。

对于使用者而言，公有云的最大优点是，其所应用的程序、服务及相关数据都存放在公有云的提供者处，自己无须做相应的投资和建设。同时，这种模式在私人信息和数据保护方面也比较有保证。这种部署模型通常都可以提供可扩展的云服务并能高效设置。

2. 私有云

私有云专门为某一个企业服务，它所有的服务不是供别人使用，而是供企业内部人员或分支机构使用。相对于公有云，私有云部署在企业内部，因此其建设、管理都由企业自己花钱，同时其数据的安全性、系统可用性都由自己控制。

私有云的部署比较适合于有众多分支机构的大型企业或政府机构。随着这些大型企业数据中心的集中化，私有云将会成为它们部署 IT 系统的主流模式。

3. 混合云

混合云是两种或两种以上的云计算模式的混合体，它将公有云和私有云结合在一起。它所提供的服务既可以供自己使用，也可以供别人使用。混合云有助于提高所需的、外部供应的扩展。用公有云的资源扩充私有云的能力，可用来在发生工作负荷快速波动时维持服务水平，可用来处理预期的工作负荷高峰。相比较而言，混合云的部署方式对提供者的要求较高。

二、大数据

随着云时代的来临，大数据也吸引了越来越多的关注。关于大数据的定义是：需要新处理模式才能具有更强的决策力、洞察力和流程优化能力来适应海量、高增长率和多样化的信息资产。

从技术角度看，大数据与云计算像一枚硬币的正反面一样不可分割。因为处理海量的数据是无法用单台计算机实现的，必然用到分布式计算架构。大数据本身并没有用，通常我们需要对海量数据进行挖掘，但它必须依托云计算的分布式处理、分布式数据库、云存储、虚拟化技术。

（一）大数据的重要价值

(1) 对大数据的处理分析正成为新一代信息技术融合应用的节点。随着移动互联网、物联网、社交网络、电子商务等新一代信息技术的发展应用，不断产生大量数据。云计算为这些海量、多样化的大数据提供存储和运算平台。通过对不同来源数据的管理、处理、分析与优化，将结果反馈到上述应用中，将创造出巨大的经济和社会价值。

(2) 大数据是信息产业持续高速增长的新引擎。面向大数据市场的新技术、新产品、新服务、新业态会不断涌现。如硬件方面，大数据将对芯片、存储产业产生重要影响，还将有利于内存计算、数据存储处理服务器等市场。软件方面，将促进数据快速处理分析、数据挖掘计算和软件产品的发展。

(3) 大数据利用将成为提高核心竞争力的关键因素。各行各业的决策正在从"业务驱动"变为"数据驱动"。数据驱动分为数据获取、数据挖掘分析、商业预测以及商业决策。其中数据获取是基础，商业决策的价值量最高。

(4) 大数据时代科学研究的方法手段将发生重大改变。在大数据时代，可通过实时监测、跟踪研究对象在互联网上产生的海量行为数据，通过数据挖掘算法分析，找出有价值的信息，提出研究结论和对策。

（二）大数据的主要特点

(1) 数据体量巨大。数量量级从 TB 级别，跃升到 PB（1PB ＝ 1024TB）级别。如仅百度首页导航每天需要提供的数据就超过 1.5PB。

(2) 数据类型多样。现在的数据类型不仅是文本形式，更多的是图片、视频、音频、地理位置信息等多类型的数据，个性化数据占绝对多数。如很多公司创造的大量非结构化和半结构化数据，这些数据下载到关系型数据库用于分析时会花费较多的时间和金钱。

(3) 处理速度快。处理速度指获取数据的速度，数据处理遵循"1 秒定律"，可从各种类型的数据中快速获得高价值的信息。

(4) 价值密度低。以视频为例，1 小时的视频，在不间断的监控过程中，可能有用的数据仅有一两秒。

（三）大数据的分析方法

大数据最核心的价值就在于对于海量数据进行存储和分析，只有通过分析才能获取很多智能的、深入的、有价值的信息。所以大数据的分析方法在大数据领域就显得尤为重要，大数据分析是在研究大量数据的过程中寻找模式、相关性和其他有用的信息，从而帮助企业更好地适应变化，并做出更明智的决策。大数据主要有以下分析方法：

(1) 可视化分析。从用户使用角度看，大数据分析的使用者有大数据分析专家，同时还有普通用户，二者对于大数据分析最基本的要求就是可视化分析。可视化分析能够直观地呈现大数据特点，简单明了，便于被用户接受。

(2) 数据挖掘算法。大数据分析的理论核心就是数据挖掘算法，各种数据挖掘的算法基于不同的数据类型和格式才能更加科学地呈现出数据本身具备的特点，也正是这些被全世界统计学家所公认的各种统计方法才能深入数据内部，挖掘出公认的价值。采用这些数据挖掘的算法能更快速地处理大数据，如果一个算法得花上好几年才能得出结论，那大数据也就失去了价值。

(3) 预测性分析。大数据分析最重要的目标之一就是预测性分析。从大数据中挖掘出有价值的信息，通过科学地建立模型，便可以通过模型带入新的数据，从而预测未来的数据。

(4) 语义引擎。数据挖掘中很多数据是非结构化数据或半结构化数据，这给数据分析带来新的挑战，它需要一套工具系统地去分析、提炼数据。语义引擎需要有足够的人工智能，以从数据中主动地提取信息。

(5) 数据质量和数据管理。大数据分析离不开数据质量和数据管理，高质量的数据和有效的数据管理，无论是在学术研究还是在商业应用领域，都能够保证分析结果的真实、有价值。

（四）大数据的处理过程

大数据的处理包括以下四个步骤：

(1) 采集。大数据的采集是指将分布的、异构数据源中的数据抽取到中间层后进行清洗、转换、集成，最后加载到数据仓库或数据集成中，成为联机分析处理、数据挖掘的基础。目前，数据库大多采用关系型数据库，数据在采集过程中，为了应对并发数高、数据量大的问题，需要在采集端部署大量数据库才能支撑，同时还须考虑数据库之间进行负载均衡和分片的问题，如电子商务网站和火车票售票网站。

(2) 导入/预处理。采集端采集到的数据，数据量巨大，不能直接对这些海量数据进行有效的分析，需要先将来自前端的数据导入一个集中的大型分布式数据库，或者分布式存储集群，之后再做一些简单的清洗和预处理工作。

(3) 统计/分析。统计与分析主要利用分布式数据库，或分布式计算集群来对存储于其内的海量数据进行普通的分析和分类汇总等，以满足大多数常见的分析需求。该过程的主要特点和挑战是分析涉及的数量大，其对系统资源，特别是I/O会有极大的占用。常用的分析方法如实时性需求会用到EMC的GreenPlum、Oracle的Exadata，以及基于MySQL的列式存储infobright等，而一些批处理，或者基于半结构化数据的需求可以使用Hadoop。

(4) 挖掘。挖掘环节主要通过各种算法进行计算，实现一些高级别数据分析的需求，从而得出一些预测。典型算法有聚类算法K-means、贝叶斯分类器Naive Bayes，主要使用的工具有Hadoop的Mahout等。

（五）大数据的发展趋势

(1) 数据的资源化。资源化是指大数据成为企业和社会关注的重要战略资源，并已成为大家争相抢夺的新焦点。为了抢占市场先机，各企业纷纷制订大数据营销战略计划。

(2) 与云计算的深度结合。大数据离不开云计算，同时云计算为大数据提供了可拓展的基础平台。除此之外，物联网、移动互联网等新兴计算形态，也将助力大数据的发展，让大数据营销发挥出更大的影响力，相信未来二者会更加紧密。

(3) 科学理论的突破。随着大数据的发展，以及数据挖掘、机器学习和人工智能等相关技术的出现，可能会改变数据世界里的很多算法和基础理论，实现科学技术上的突破。

(4) 公众将会对隐私产生巨大恐慌。近年来网络诈骗不断升温，数据泄露泛滥，人们开始担忧通过大数据分析，不但能对人们的购物习惯、用户需求等进行预测，同时也面临用户资料被泄密的可能。因此企业需要从新的角度来确保自身以及客户的数据安全。

(5) 数据管理成为核心竞争力。当人们逐渐认识到数据资产是企业的核心资产之后，企业对于数据管理便有了更清晰的界定，将数据管理作为企业的核心竞争力，持续发展，战略性规划与运用数据资产，成为企业数据管理的核心。特别是对于互联网企业，数据资产竞争力所占比重为 36.8%，数据资产的管理效果将直接影响企业的财务表现。

(6) 数据质量是商业智能成功的关键。未来企业通过商业智能工具进行大数据分析会越来越多，而数据挖掘获得有价值信息的关键是数据质量，因为很多数据源会带来大量的低质量数据。因此企业若想获得有价值的预测，就必须消除低质量数据，从而保证商业智能工具获得更好的决策。

三、物联网

按照国际电信联盟的定义，物联网主要解决物品与物品、人与物品、人与人之间的互联。它的本质还是互联网，只不过终端不再是计算机，而是嵌入式计算机系统及其配套的传感器。这有两层含义：一是物联网的核心和基础仍然是互联网，是在互联网基础上的延伸和扩展的网络；二是用户终端延伸和扩展到了任何物品与物品之间进行信息交换和通信，也就是物物相息。

物联网以互联网为基础，通过各种传感技术，例如射频识别（Radio Frequency Identification，RFID）技术、传感器技术和 GPS 技术等，添加各种通信技术，将任何物体接入互联网，实现远程监视、控制、自动报警等功能，进而实现管理、控制和营运一体化的一种网络。

目前，国际上公认的物联网定义是：通过 RFID，红外感应器、全球定位系统和激光扫描器等信息传感设备，按约定的协议，把任何物品与互联网相连接，进行信息交换和通信，以实现对物品的智能化识别、定位、跟踪、监控和管理的一种网络。

（一）物联网的关键技术

(1) 网络通信技术。网络通信技术包含很多重要技术，其中机器对机器（Machine to machine，M2M）技术最为关键。它用来表示机器对机器之间的连接与通信。从功能和潜在用途角度看，M2M 引起了整个“物联网”的产生。

(2) 传感器技术。计算机处理的是数字信号，这就需要传感器把模拟信号转换成数字信号，这是计算机应用中的关键技术。

(3)RFID标签。RFID标签也是一种传感技术，它融合了无线射频技术和嵌入式技术，并在自动识别、物品物流管理中有着广泛应用。

(4) 嵌入式系统技术。嵌入式系统是融计算机软硬件、传感器技术、集成电路技术和电子应用技术为一体的复杂技术。目前，身边的智能终端设备随处可见，这些设备都以嵌入式系统为特征。有人把物联网用人体做了一个形象的比喻，将传感器比喻为人的眼睛、鼻子和皮肤等器官，网络相当于神经系统用来传递信息，嵌入式系统则是人的大脑，负责分类处理接收到的信息。可见，嵌入式系统在物联网中的位置和作用。

(5) 云计算。云计算是一种按使用量付费的模式，这种模式提供可用的、便捷的、按需的网络访问，进入可配置的计算资源共享池（资源包括网络、服务器、存储、应用软件、服务），这些资源能够被快速提供，只须投入很少的管理工作，或与服务供应商进行很少的交互。

（二）物联网的主要特征

(1) 全面感知。通过 RFID、传感器和二维码等随时随地获取物体的信息。物联网上部署了海量的多种类型传感器，每个传感器都是一个信息源，不同类型的传感器所捕获的信息内容和信息格式不同，而且实时采集数据，并且按一定的频率周期性地采集环境信息，不断更新数据。

(2) 可靠传递。通过各种电信网络与互联网的融合，将物体的信息实时准确地传递出去。前面提到物联网是以互联网为基础，通过各种有线和无线网络与互联网融合，将传感器定时采集的信息实时准确地传递出去。

(3) 智能处理。物联网不仅提供了传感器的连接，其本身也具有智能处理的能力，能够对物体实时智能控制。物联网将传感器和智能处理相结合，利用云计算、模糊识别等各种智能计算技术，对海量的数据和信息进行分析、加工和处理，得出有意义的数据，以适应不同用户的需求，发现新的应用领域和应用模式。

（三）物联网的应用模式

根据物联网的实质用途，物联网可以归结为以下三种基本应用模式：

(1) 对象的智能标签。目前，广泛使用的二维码、RFID 等技术标识特定的对象，用于区分对象个体。如扫二维码收付款、生活中使用的各种智能卡和门禁卡等都是用来获得对象的识别信息。

(2) 对象的智能控制。物联网基于云计算平台和智能网络，可以依据传感器网络获取的数据进行决策，改变对象的行为，进行控制和反馈。如根据车辆的流量自动调整红绿灯间隔，路灯根据光线的强弱自动调整亮度。

(3) 环境监控和对象跟踪。利用多种类型的传感器和分布广泛的传感器网络，可以实现对某个对象的实时状态的获取和特定对象行为的监控。如环境监测站通过二氧化碳传感器监控大气中二氧化碳浓度，噪声探头监测噪声污染，驾车过程中导航通过 GPS 标签跟踪车辆位置，通过交通路口的摄像头捕捉实时交通情况等。

四、“互联网＋”

“互联网＋”就是“互联＋各个传统行业”，但这并不是简单的两者相加，而是以互联网为主的一整套信息技术（包括移动互联网、云计算和大数据技术等）在经济、社会生活各部门的扩散、应用过程，让互联网与传统行业进行深度融合，创造新的发展生态。

“互联网＋”的本质是传统产业的在线化、数据化。网络零售、在线批发、跨境电商、共享单车等所做的工作都是努力实现交易的在线化。只有商品、人和交易行为迁移到互联网上，才能实现“在线化”，只有“在线”才能形成“活的”数据，随时被调用和挖掘。在线化的数据流动性最强，不会像以往一样仅仅封闭在某个部门或企业内部。在线数据随时可以在产业上下游、协作主体之间以最低的成本流动和交换。数据只有流动起来，其价值才能最大限度地发挥出来。

（一）“互联网＋”的主要特征

（1）跨界融合。“互联网＋”里面的＋就是跨界，就是变革，就是开放，就是重塑融合。敢于跨界了，创新的基础就更坚实；融合协同了，群体智能才会实现，从研发到产业化的路径才会更垂直。

（2）创新驱动。中国粗放的资源驱动型增长方式难以为继，必须转变到创新驱动发展这条正确的道路上来。也就是说经济增长主要依靠科学技术的创新带来的效益来实现集约的增长方式，用技术变革提高生产要素的产出率。这正是互联网的特质，用互联网思维来求变、自我革命，也更能发挥创新的力量。

（3）重塑结构。信息革命、全球化、互联网业已打破原有的社会结构、经济结构、地缘结构和文化结构，权力、议事规则、话语权在不断发生变化。“互联网＋社会治理”、虚拟社会治理将会有很大的不同。

（4）尊重人性。人性的光辉是推动科技进步、经济增长、社会进步、文化繁荣的最根本的力量，互联网的力量之所以强大，最根本是来源于对人性最大限度的尊重，对人体验的敬畏，对人的创造性发挥的重视。如用户原创内容、分享经济等。

（5）开放生态。互联网是一个生态系统，而生态的本身就是开放的。在推进“互联网＋”时，其中一个重要的方向就是要把过去制约创新的环节化解掉，把孤岛式创新连接起来，让研发由人性决定市场驱动，让创业及努力者有机会实现价值。

（6）连接一切。连接一切是“互联网＋”的目标，但连接是有层次的，连接性是有差异的，连接的价值也是相差很大的。

（7）法制经济。“互联网＋”是建立在市场经济为基础之上的法制经济，更加注重对创新的法律保护，增加了对于知识产权的保护范围，使全世界对于虚拟经济的法律保护更趋向于共通。

（二）“互联网＋”的发展趋势

目前，“互联网＋”尚处于发展阶段，各领域对“互联网＋”还在做论证与探索，大部分商家仍旧处于观望的阶段，也有一些传统行业，正努力借助互联网平台增加自身利益。例如很多传统行业开始尝试借助互联网开展电子商务，通过 B2B、B2C 等平台实现网络营销渠道，增强线上推广与宣传力度，逐步尝试网络营销带来的便利。

(1) 政府推动“互联网＋”落实。“互联网＋”一经提出，政府就非常积极和重视。在今后长期的“互联网＋”实施过程中，政府将扮演的是一个引领者与推动者的角色：①发现那些符合政策并且做得好的企业并立为标杆，起到模范带头作用；②挖掘那些有潜力的企业，在将来能够发展成为“互联网＋”型企业；③资源对接，与各大互联网企业建立长期的资讯、帮扶、人才交流等关系，在交流中让互联网企业与传统企业相互交流，便于进一步合作；④结合各地实际情况，建立更新更接地气的“互联网＋”产业园及孵化器，融合当地资源打造一批具备互联网思维的企业。

(2)“互联网＋”服务商崛起。未来会出现一大批在政府与企业之间的第三方服务企业，这些企业有的以互联网企业为主，有的由传统企业转型过来成为“互联网＋”服务商。这是一种类似于中介的角色，为“互联网＋”的企业提供咨询、培训、招聘、方案设计、设备引进等服务。第三方服务涉及的领域有电商平台、云系统、大数据等软件服务商、智能设备商、3D 打印、机器人等。

(3) 电商平台受到热捧。在电商方面，平台型电商及生态型电商会广受关注。传统企业在转型初期，为了避免自搭平台运营失败，很多会选择加入一个平台或者生态，便于积累部分资源并学习其运营模式，也能更好地认知自身的资源优势与不足，通过与其他商家合作，了解整体产业链布局，建立格局观。这有利于传统企业找到转型突破点，以后才能以点带面，企业自身也有可能发展成为一个生态。更多的平台或生态出现以后，“互联网＋”要做的只是生态与平台的对接，更有利于行业的整体升级。

(4) 供应链平台更受重视。供应链涉及物流、现金流等各种维持企业运营的重要因素，很多传统企业在现在看来无法改造，尤其是更底层的供应链改造是个非常困难的问题。因此，“互联网＋”要求有一部分专门研究供应链设计及改造的服务商为传统企业设计新商业模式主架构，使其互联网化，也是供应链的优化与升级。

(5) 创业生态及孵化器深耕“互联网＋”。在“大众创业，万众创新”的时代，政府牵头推出“互联网＋”政策，一是因为当前全面创业是时代趋势，大部分创业项目或多或少都与移动互联网相关；二是为了推动更多的互联网创业项目的产生。在政策的激励下，会有更多的互联网创业项目出现，传统的创业项目也就越来越好，以此来解决行业的升级。所以，接下来各地的孵化器将会主推“互联网＋”项目。

(6) 加速传统企业的并购与收购。在传统企业转型过程中，实践证明，入股与并购是传统企业互联网化最简单快捷的方式。直接收购互联网企业，企业的全部业务打包性地与传统企业对接，相当于互联网业务外包但又是内部的公司，双方的业务及职工又不受冲击，可谓一举多得。

(7) 促进就业和职业培训。随着“互联网＋”创业项目的增多，对“互联网＋”技术人才的需求也会增多，会催生大量的专业技术从业者，这个职业群体的构成会是成熟的技术人员及运营人员，更多的是通过培训上岗的人员。这将大大地促进就业，同时衍生出更多关于“互联网＋”的培训及特训的职业线上线下教育。“互联网＋”职业培训主要面向两个群体：一是对传统企业在职员工的培训，二是对想从事该行业的人员的培训。

（8）促进部分互联网企业快速落地。在过去，多数是互联网企业主动找传统企业，希望切入传统市场，在谈及的条件等方面非常被动，互联网企业在线上无法解决盈利问题的时候，这些企业就有落地线下的趋势。"互联网＋"则会让传统企业主动找互联网企业，促成过去这些商家做不到或者不敢想的事情，这将加速互联网企业快速落地。

五、区块链

区块链技术最初是由中本聪为比特币设计出的一种特殊的数据库技术。但区块链的作用不仅仅局限在比特币上，这项技术逐步运用在各个领域。

目前，学术界还没有给出区块链的标准定义。从广义上来讲，区块链技术是利用加密技术来验证与存储数据，利用共识算法来新增和更新数据，利用运行在区块链上的代码——智能合约，保证业务逻辑的自动强制执行的一种全新的多中心化基础架构与分布式计算范式。从狭义上来讲，区块链是一种将数据按照实际顺序组合成特定数据结构，并用密码学算法保证数据不可篡改和不可伪造的去中心化共享总账，适合存储重要的、高价值的、简单的、有先后关系的、能在系统内验证的数据。区块链技术作为一种分布式数据存储、点对点传输、共识机制、加密算法等技术的新型集成应用，具有去中心化、开放性、防篡改、匿名性等特点。其可应用于生产链、管理链、交易链，会给不同领域带来整个生命周期的重构，让生命周期可管理、可追溯。

（一）区块链的技术原理

区块链技术原理源自一个数学问题：拜占庭将军问题。它提供了一种无须信任单个节点，还能创建共识网络的方法，即通过去中心化和去信任的方式集体维护一个可靠数据库的技术。区块链技术包含了加密算法、P2P文件传输等多种现有技术，这些技术与数据库巧妙地组合在一起，形成了一种新的数据记录、传递、存储与呈现的方式。总之，区块链技术就是一种大家共同参与记录信息、存储信息的技术。过去，人们将数据记录、存储的工作交给中心化的机构来完成，而区块链技术则让系统中的每一个人都可以参与数据的记录、存储，区块链技术在没有中央控制点的分布式对等网络下，使用分布式集体运作的方法，构建了一个P2P的自组织网络。通过复杂的校验机制，区块链数据库能够保持完整性、连续性和一致性，即使部分参与人作假也无法改变区块链的完整性，更无法篡改区块链中的数据。

区块链具有以下四大核心技术：

1. 区块＋链

区块：用于存储数据，记录这些数据的文件就称为"区块"，每一个区块记录下它在被创建期间发生的所有价值交换活动，所有区块汇总起来形成一个记录合集。

区块结构：区块链会根据实际情况设计区块结构，大部分结构包含块头和块身两部分。块头用于链接到前面的块并且为区块链数据提供完整性的保证，块身记录了经过验证的、块创建过程中发生的价值交换的所有记录。每一个区块通过特定的信息链接到上一个区块的后面，就形成了区块链，即区块（完整历史）＋链（完全验证）＝时间戳，形成一个不可篡改、不可伪造、完整历史的数据库。

2. 开源的、去中心化的协议

在数据大集中的背景下，中心化的体系，数据都集中记录并存储于中央服务器上，而区块链的精妙之处在于构建了一个分布式的结构体系，让价值交换的信息通过分布式传播发送给全网，让每一个参与数据交易的节点都记录并存储下所有的数据，并实时更新。通过分布式记账、分布式传播、分布式存储这三大“分布”，系统内的数据存储、交易验证、信息传输过程全部是去中心化的，这种没有中心的情况下，大规模的参与者达成共识，共同构建了一套永生不灭的区块链数据库。

3. 非对称加密算法

区块链中通过数学方法解决信任问题，通过算法为交易双方创造信用，达成共识背书。非对称加密算法是一种密钥的保密方法，需要两个密钥——公开密钥和私有密钥。

非对称加密算法实现过程是：甲方生成一对密钥并将其中的一把作为公用密钥向其他方公开；得到该公用密钥的乙方使用该密钥对机密信息进行加密后再发送给甲方；甲方再用自己保存的另一把私有密钥对加密后的信息进行解密。

非对称加密算法的特点：一是公钥对交易信息加密，私钥对交易信息解密。私钥持有人解密后，可以使用收到的价值；二是私钥对信息签名，公钥验验证签名，通过公钥签名验证的信息确认为私钥持有人发出。

4. 脚本

脚本可以理解为一种可编程的智能合约，用来保证价值交易能够正常运行。一个脚本本质上是众多指令的列表，这些指令记录在每一次的价值交换活动中，价值交换活动的接收者如何获得这些价值，以及花费掉自己曾收到的留存价值需要满足附加条件。它的优势是可变编程性，如可以灵活改变花费掉留存价值的条件，或在发送价值时附加一些价值再转移的条件。

（二）区块链的技术特征

区块链技术特征包括去中心化、去信任化、可追溯性、时间戳等。

(1) 去中心化。区块链技术以互联网为硬件依托，以分布式数据库技术为软设施，网络结构采用 P2P 技术，没有中心服务器，依靠网络中的所有节点交换信息。与中心化的服务器系统不同，对等网络的每个用户既是一个节点，也是服务器的功能。网络中的资源和服务分散在每一个节点上，信息的传输和服务的实现都直接在节点间进行。

(2) 去信任化。传统的信用系统中，需要参与者对中央机构有足够的信任，依赖于中央权威机构的信用背书。而区块链技术通过非对称加密算法（椭圆曲线加密算法），解决了节点间的相互信任问题。去信任化，是指通过加密算法实现自我约束，任何恶意欺骗系统的行为都会遭到其他节点的排斥，完成点对点之间信任关系的建立，一定程度和一定范围上可取代传统信用建立方式。这种方式的好处是：参与者不需要依赖任何人提供信用背书，随着参与人数的增多，破坏系统的难度增大，提供了系统的安全性，而传统的信用系统中，需要参与者对中央权威机构有足够的信任，参与人数增多会对中央权威机构的调节能力造成压力，系统安全性下降。

(3) 可追溯性。区块链的结构设计保证了其记录数据完备可追溯。区块链采用“区块＋链”的数据结构，让全网所有节点都在每一个区块上盖一个时间戳来记账，表明这个信息是这个时间写入的，形成了一个不可篡改、不可伪造的数据库。可追溯性使全部交易的历史信息可查，有助于提高破获犯罪活动的概率，贪污受贿、挪用公款、非法集资等犯罪活动将在区块链上留下难以销毁的痕迹。

(4) 时间戳。时间戳技术本身并不复杂，但将其应用到区块链中则是一个重大的创新。区块链上的时间戳是指从格林尼治时间 1970 年 1 月 1 日 00 时 00 分 00 秒起至现在的总秒数，通常为一个长字符序列，标识某一刻时间。时间戳为未来基于区块链的互联网和大数据增加了时间维度，使得数据可以追溯。同时，时间戳是存在性证明，为基于区块链技术下互联网商业应用前景打下了坚实的基础。

（三）区块链的一般分类

区块链根据参与者的不同，分为公有链、私有链和联盟链。

(1) 公有链：任何人都可以参与使用和维护，如比特币，信息是完全公开的，任何人都可以加入。

(2) 私有链：专门服务一个组织或某一简单业务的区块链，只有内部少数人可以使用，信息不公开，由于其目标单一，所以构建相当简单。

(3) 联盟链：多个组织为了一个共同目标而组成的区块链，该区块链的使用必须是带有权限的限制访问，相关信息会得到保护，这种形式是区块链发展的方向，如供应链机构或银行联盟。

就目前发展来看，私有链和联盟链更有商业价值。根据使用目的和场景的不用，也可分为以数字货币为目的的货币链、以记录产权为目的的产权链、以众筹为目的的众筹链等。

第二章 计算机网络层次协议

第一节 物理层协议

一、物理层概述

现有的计算机都是数字计算机，计算机中的各种信息和指令都以二进制数据编码的形式存在，每一个二进制数据用“0”或“1”字符表示方式，计算机之间需要传输的数据、指令都是长长的二进制数据字符串。因为每一个二进制数据称为一个比特，因此计算机之间需要传输的内容称为比特串；在传输过程中，比特串是流动的，因此又称为比特流。总之，在网络中的两个节点之间传输的是比特流。

物理层是OSI模型中的最底层，它是建立在通信介质的基础之上，是计算机与通信介质之间的接口。物理层的基本任务就是在节点之间传输比特流，具体过程是：发送方物理层将比特符号变成适合于传输线路传输的信号形式，通过传输介质将信号传送到相邻节点；接收方物理层从接收信号中将二进制数据提取出来。通信理论告诉我们，数据只有变换成信号才能在通信链路中传输。要完成比特流的传输，发送端物理层要将比特流中的二进制数据变换成适合通信介质传输的信号形式，然后通过通信介质传输到相邻节点。而接收端物理层从接收到的信号中将二进制数据提取出来。这样，二进制数据就从一个节点传输到另一个节点。信号的形式与传输介质的类型紧密相关，如果通信链路是光纤，就要采用适合光纤传输的光信号，如果通信链路是同轴电缆，就要采用适合同轴电缆传输的电信号。具体的信号形式、参数又有相应的通信协议做出了详细规定。

实际通信方式与多种因素有关，如物理连接方式，包括点对点、多点连接或广播连接；传输媒介的种类，包括双绞线、同轴电缆、光缆、架空明线、对称电缆、各个波段的无线信道；传输模式，包括串行、并行、同步、异步等。

实际采用的通信方式种类繁多，差别巨大。这些差别由物理层负责解决，高层不必考虑这些差异。有了物理层，高层只须按照自己的数据格式要求组织数据，而不管底层连接的通信子网是宽带网、光纤网，还是无线通信网。所以说，物理层对上层屏蔽（掩盖）了实际网络的差异。

物理层功能的实现主要由各种硬件（如网卡）完成。TCP/IP网络模型没有考虑通信的具体细节，即网络模型中物理层的实现交给了硬件生产厂商来完成。但为了使不同硬件厂商生产产品具有广泛的通用性，网络模型规定了物理层特性，它是各种硬件接口共同的特性，是硬件接口生产商必须遵守的。物理层特性包括以下四方面：

(1) 机械特性：说明接口所用接线器的形状、尺寸、引线数目和排列、固定和锁定装置等。

(2) 电气特性：说明在接口线缆的哪条线上出现的信号应在何种范围之内。以电脉冲信号为例，什么样的电压表示 1，什么样的电压表示 0，一个比特的脉冲宽度有多大等。主要考虑信号的大小和参数、电压和阻抗的大小、编码方式等。

(3) 功能特性：主要考虑每一条信号线的作用和操作要求。

(4) 规程特性：主要规定利用接口传送比特流的整个过程中，各种可能事件的执行和出现的顺序。

物理层不是指连接计算机的具体物理设备和传输介质，而是规定了标准的数据传输服务模式。数据链路层使用物理层提供的服务，而不必关心具体的物理设备和传输介质，只须考虑如何完成本层服务和协议。换言之，物理层在数据链路层和物理介质中间起屏蔽和隔离作用。

物理层标准并不完善，它不考虑物理实体、服务原语及物理层协议数据单元，而重点考虑物理层服务数据单元，即比特流、物理连接等。

二、通信的相关概念

（一）通信系统

计算机网络学科是计算机学科和通信学科相结合而发展起来的新学科，学习计算机网络有必要学习一点通信系统的基础知识。

信源是信息的发出者。信息，简而言之就是一种要表达的意思和内容，在计算机中，任何形式的意思、内容都蕴含在数据中。例如，图像数据蕴含着图像内容，音乐数据蕴含着声调的变化，Word 文本、Excel 表格无一不是用数据来表达的。变换器的作用是将数据加载到信号中，变成适合高质量、快速传输的信号形式。信道是信号的传送通道。反变换器的作用是将数据从信号中提取出来。信宿是信息的接收者。

信号的种类很多，包括语言、文字、图像、手势、信号灯、信号弹、灯光、电信号等。通信系统中传递的实体是信号，信源要传递的是信息，信息只能依靠信号进行传递。对于计算机网络而言，信源和信宿分别是发出和接收数据的计算机，分别称为源主机和目的主机；网卡可以看作变换器和反变换器；通信子网可以看作信道。

（二）电信号

电子通信系统以及计算机网络中，一般传递的信号都是电信号（现在有了光纤网络，使用的是光信号）。电信号分为模拟信号和数字信号。模拟信号是在时间和幅度上都连续的信号；数字信号是在时间和幅度上都离散的信号。

在数字信号中，信息蕴含于数据（一般为整数）之中，在模拟信号中，信息蕴含于波的形状之中。数字信号和模拟信号相比，具有抗干扰能力强、可以再生中继、便于加密、易于集成化等一系列优点。数字信号的缺点是在携带相同数量信息的条件下，数字信号频带更宽，因而占用通信系统中更多的频带资源。采用模拟信号的系统有电话、广播电台、电视等，采用数字信号的系统有数字通信、数字电视、计算机系统、计算机网络等。早期发明的电子系统采用模拟信号，发明较晚的电子系统一般采用数字信号。随着数字通信技术的成熟，越来越多的早期系统也用数字技术进行改造。

任何信号都有频率分量，信号越复杂、波形越剧烈，频率分量越多。将信号所有的频率分量在频率域列出，就得到了信号的频谱。信号频谱中最高频率与最低频率的差值就是信号带宽。波形信号又称为时域信号，信号的频谱又称为频域信号。时域信号和频域信号只是信号的两种不同表现形式，或者说是从不同角度所看到的同一信号的观察结果。

（三）信道的截止频率与带宽

信道是信号的传送通道，但信道对信号不同频率分量的传送能力不同，对有些频率分量不衰减，对另一些频率分量则衰减较大甚至完全衰减掉。信道对频率分量的衰减是有规律的，一般包括低通和带通两种情形。

从最高点衰减到一定程度所对应的上、下频率为截止频率，上、下截止频率之间的范围称为通信设备的通频带。在通信系统中，一般取 0.707 倍，因为信号强度衰减为原来的 0.707 倍意味着信号功率（信号强度的平方）衰减一半。

如果一个信号的整个频谱都位于通信设备的通频带之中，该信号的频谱能够完整地传输到接收端，接收端得到的频域信号与发送端的信号几乎一样，信号中所蕴含的信息能够被接收端完整地获得，如果一个信号只有部分频谱位于通信设备的通频带范围内，则超出通频带的频谱分量被衰减掉，接收端只能得到通频带范围内的信号频谱，因而得到的信号与发送端的信号差异较大，原信号中所蕴含的信息损失较大。为了保证网络传输信息不损失，需要确保传输信号的带宽不高于网络带宽，以保证信号的所有频率分量都能传输到目的地。

（四）信道的最大数据传输率

信道在单位时间内能传输的最大二进制位数被称为最大数据传输率。与之对应，信道在单位时间内实际传输的二进制位数被称为数据传输率。最大数据传输率是一个反映信道传输能力的参数，一个通信设备制作完成后，通信设备的最大数据传输率就已经确定了；数据传输率表示一次具体通信过程中的数据传输速度。对于同一个信道而言，不同的通信过程中的实际传输速度很可能不同。用最大载客人数为 40 的客车来类比，客车的座位只有 40 个，这是在客车生产出来以后就确定了的，但该客车每次实际载客量不一定都是 40，可能这一次是 30，下一次是 25。但是实际载客量不可能超过 40，否则，就违反了交通法规。信道最大数据传输率相当于客车最大载客量，信道数据传输率相当于客车实际载客量，它是变化的。

通信系统的最大数据传输率在最理想的情况下，为信道带宽的 2 倍，也就是每秒钟可以传递 2B 个二进制位数。在实际应用中，由于达不到理想的情况，实际数据传输率达不到 2B，究竟离 2B 差多少，取决于实际状况与理想情况的差异大小。

工程实践中常常留有余地，将最大数据传输率与网络带宽看作相等。在理论上，带宽和最大数据传输率是两个概念，但由于两者在数值上相等，在实践上常将两者混用。

（五）信号的调制技术

计算机及其网络通信设备中使用的都是数字信号。数字信号传输距离很短，直接用来通信，传输距离有限。例如，打印机电缆一般长为 2 米、3 米，最多为 5 米。高频信号能够传输更远的距离，需要远距离传输时将原有数字信号变成高频信号，即进行调制。调制是指将要传输的原始信号加载到一个被称为载波的高频信号中，形成调制信号。调制信号是高频信号，适合于传输，并且能够传输得很远。调制信号传输到接收端，通过解调将低频原始信号从高频调制信号中恢复出来。

常用的调制技术包括调幅、调频、调相。调幅，就是使载波时域信号的幅度值随传递时域信号而变化；调频，就是使载波信号的频率随传递信号而变化；调相，就是使载波信号的相位随传递信号而变化。

（六）多路复用

为了保证信息不损失，一定要做到信号的带宽小于信道带宽。实际情况是，由于硬件技术的飞速发展，一般计算机网络带宽远高于传播信号带宽。如果在宽带信道中只传递一路窄带信号，相当于在一条宽阔的公路上只走一路汽车，这会造成信道资源的浪费。可以采用多路复用技术在一条宽带信道中同时传输多路信号，相当于在一条宽阔的公路上画了多路车道，多辆汽车在各自的车道中可以同时使用公路。

多路复用是指用一条线路同时进行多路通信传输。多路电信号不能同时在一根导线体中传输，因为多路信号波形会自动叠加，接收端无法从叠加信号中还原出原信号。要实现多路复用就要先将多路信号合成一路信号，通过线路传输合成的一路信号，接收端再从合成信号中还原出多路原始信号。多路复用技术可以使多路信号同时使用同一线路，其好处是提高线路利用效率。计算机网络系统中常见的多路复用方法有五种：频分多路复用、时分多路复用、统计时分复用、码分复用、波分复用。为了帮助理解多路复用技术，我们只介绍经典的频分多路复用和时分多路复用技术。

1. 频分多路复用

频分多路复用是将多路信号的频谱用调制的办法依次搬到高频区域，占据信道带宽的不同部分，合成一路宽带信号进行传输；在接收端，用滤波方法将各路信号从合成宽带信号中提取出来，分别交给不同的接收者。频分多路复用的实质是被合成的多路信号在频谱上并没有混淆，因而在接收端可以将原始信号还原。

电话系统的频分多路复用技术已经十分成熟，而且已被广泛应用。目前，一根同轴电缆上实现了上千路电话的同时传输。CCITT 建议：12 路电话共 48kHz，构成一个基群，占用 60 ～ 108kHz 频段；5 个基群构成一个超群，占用 312 ～ 552kHz 频段；5 个超群构成一个主群，占用 812 ～ 2044kHz 频段；3 个主群构成一个超主群，占用 8516 ～ 12 388kHz 频段；4 个超主群构成一个巨群，占用 42 612 ～ 59 684kHz 频段。可见，一个巨群包含了 3600 路电话，如果只简单地考虑信号所占频带，不过 20M 带宽。

2. 时分多路复用

时分多路复用是将一个单位时间段分成多个时间片，将每个时间片依次分配给多路通信，每一路通信的发送端和接收端都只在各自的时间片内连接链路，收发数据。

各种多路复用技术采用不同的方式，实现了多对通信同时使用一条线路，提高了信道的利用率，从整体上提升了网络的速度。

三、传输介质类型

传输介质是物理层的下层，已经不属于计算机网络模型范畴。但要组建、连接网络，必然要考虑使用什么传输介质，因此有必要了解一些传输介质知识。

传输介质通常分为有线介质（或有界介质）和无线介质（或无界介质）。有线介质将信号约束在一个物理导体之内，如双绞线、同轴电缆和光纤等；无线介质则不能将信号约束在某个空间范围之内。激光通信、微波通信、无线电通信，其信号都是直接通过空间进行传输，因此在这些形式的通信中，传输介质是空间，是一种无线介质。在计算机网络系统中，有线介质通常有三类，它们是双绞线、同轴电缆和光纤。

（一）双绞线

双绞线是目前使用最广、相对廉价的一种传输介质。它由两条相互绝缘的铜导线组成，导线的典型直径为 0.4 ～ 1.4mm。两条线扭绞在一起，可以减少对邻近线对的电气干扰。为了进一步降低电气干扰，还可以在双绞线外面包裹一层铜线网，以隔断线内外电磁场的互相影响。有铜线网的双绞线叫作屏蔽双绞线，没有铜线网的双绞线叫作非屏蔽双绞线。屏蔽双绞线抗干扰能力更强，但这会增加成本。一般使用双绞线都是因为其成本较低，因此，除非特殊场合，一般都使用非屏蔽双绞线。几乎所有的电话机都是通过双绞线接入电话系统的。

双绞线既可以传输模拟信号，又可以传输数字信号。用双绞线传输数字信号时，其数据传输率与电缆的长度有关。在几千米的范围内，双绞线的最大数据传输率可达 10Mbps，甚至 100Mbps，因而可以采用双绞线来构造价格便宜的计算机局域网。

对于双绞线的定义有两个主要来源：一个是美国电子工业协会（Electronic Industries Association,EIA）的远程通信工业分会；另一个是 IBM 公司。EIA 负责“Cat”(“Category”)系列非屏蔽双绞线标准。IBM负责“Type”系列屏蔽双绞线标准，如IBM的Type1、Type2 等。电缆标准本身并未规定连接双绞线电缆的连接器类型，然而 EIA 和 IBM 都定义了双绞线的专用连接器。对于 Cat3、Cat4 和 Cat5 来说，使用 RJ-45(4 对 8 芯)，遵循 EIA-568 标准；对于 Type1 电缆来说，则使用 DB9 连接器。大多数以太网在安装时使用基于 EIA 标准的电缆，大多数 IBM 及令牌环网则使用符合 IBM 标准的电缆。

（二）同轴电缆

同轴电缆中的内外导体等材料是共轴的，同轴之名由此而来。外导体是一个由金属丝编织而成的圆形空管，内导体是圆形的金属芯线。内外导体之间填充绝缘介质。

同轴电缆内芯线的直径一般为 1.2 ～ 5mm，外管直径一般为 4.4 ～ 18mm。内芯线和外导体一般采用铜质材料。同轴电缆可以是单芯的，也可以将多条同轴电缆安排在一起形成电缆。广泛使用的同轴电缆有两种：一种是阻抗为 500 的基带同轴电缆，另一种是阻抗为 75Ω 的宽带同轴电缆。当频率升高时，外导体的屏蔽作用加强，因而特别适用于高频传输。一般情况下，同轴电缆的上限工作频率为 300MHz，有些质量高的同轴电缆的工作频率可达 900MHz。因此，同轴电缆具有很宽的工作频率范围。当用于数据传输时，数据传输率可达每秒几百兆比特。

由于同轴电缆具有寿命长、频带宽、质量稳定、外界干扰小、可靠性高、维护便利、技术成熟等优点，同轴电缆在闭路电视传输系统中一直占主导地位。

（三）光纤

随着光通信技术的飞速发展，现在人们已经可以利用光导纤维来传输数据，以光脉冲的出现表示“1”，不出现表示“0”。

可见光所处的频段为 108MHz 左右，因而光纤传输系统可以使用的带宽范围极大。目前的光纤传输技术可使人们获得超过 50 000GHz 的带宽，而且还在不断地提高。但光纤链路的实际最大数据传输率为 10Gbps，这是因为光纤两端的光 / 电以及电 / 光信号转换的速度只能达到 10GHz，成为光纤链路的瓶颈。今后将有可能实现完全的光交叉和光互联，省去光电转换环节，构成全光网络，网络的速度将增长上万倍。

光传输系统利用了一个简单的物理原理：当光线在玻璃上的入射角大于某一临界值时，光线将完全反射回玻璃，而不会因为折射而漏入光纤之外。这样，光线将被完全限制在光纤中，而几乎无损耗地传播。光纤呈圆柱形，含有纤芯和包层，纤芯直径为 5 ～ 75μm，包层的外直径为 100 ～ 150μm，最外层的是塑料，用于保护纤芯。纤芯的折射率比包层的折射率高 1% 左右，这使得光局限在纤芯与包层的界面以内，并保持向前传播。

光纤不同于电线。电线只能传输一路电信号，如果有两路电信号同时加入一条电线中，两路电信号波形叠加在一起，无法区分开来。一根光纤可以同时传输多路光信号，任何以大于临界值角度入射的光线，在介质边界都将按全反射的方式在介质内传播，而且不同的光线在介质内部将以不同的反射角传播，它们互不干扰。如果纤芯的直径较粗，则光纤中可能有许多种沿不同途径同时传播的模式，通常将具有这种特性的光纤称为多模光纤；如果将光纤纤芯直径减小到光波波长大小的时候，光在光纤中的传播没有多次反射，这样的光纤称为单模光纤。

光纤通信的优点是频带宽、传输容量大、重量轻、尺寸小、不受电磁干扰和静电干扰、无串音干扰、保密性强、原材料丰富、生产成本较低。因而，由多条光纤构成的光缆已成为当前主要发展和应用的传输介质。

第二节　数据链路层协议

一、数据链路层概述

数据链路层简称为链路层，通常包括操作系统中的设备驱动程序和计算机中对应的网络接口卡。它们一起处理与电缆（或其他任何传输媒介）的物理接口细节。地址解析协议（Address Resolution Protocol，ARP）和逆地址解析协议（Reverse Address Resolution Protocol，RARP）是某些网络接口（如以太网和令牌环网）使用的特殊协议，用来转换 IP 层和网络接口层使用的地址。

数据链路层最基本的服务是将源计算机网络层来的数据可靠地传输到相邻节点的目标计算机的网络层。为达到这一目的，数据链路层必须具备一系列相应的功能，主要有：将数据组合成数据块（在数据链路层中将这种数据块称为帧，帧是数据链路层的传送单位）；控制帧在物理信道上的传输，包括处理传输差错，调节发送速率以使之与接收方相匹配；在两个网络实体之间提供数据链路通路的建立、维持和释放管理。这些功能具体表现在以下方面：

（一）帧同步

为了向网络层提供服务，数据链路层必须使用物理层提供的服务。而物理层是以比特流进行传输的，这种比特流并不保证在数据传输过程中没有错误，接收到的位数量可能少于、等于或者多于发送的位数量。而且它们还可能有不同的值，这时数据链路层为了能实现数据有效的差错控制，就采用了一种“帧”的数据块进行传输。而要采用帧格式传输，就必须有相应的帧同步技术，这就是数据链路层的“成帧”（也称为“帧同步”）功能。

采用帧传输方式的好处是，在发现有数据传送错误时，只须将有差错的帧再次传送，而不需要将全部数据的比特流进行重传，这样传送效率将大大提高。但同时也带来了两方面的问题：①如何识别帧的开始与结束；②在夹杂着重传的数据帧中，接收方在接收到重传的数据帧时是识别成新的数据帧，还是识别成已传帧的重传帧，就要靠数据链路层的各种“帧同步”技术来识别了。“帧同步”技术既可使接收方能从以上并不是完全有序的比特流中准确地区分出每一帧的开始和结束，同时还可识别重传帧。

（二）差错控制

在数据通信过程中可能会因物理链路性能和网络通信环境等因素出现一些传送错误，但为了确保数据通信的准确，又必须使得这些错误发生的概率尽可能低。这一功能也是在数据链路层实现的，就是它的“差错控制”功能。

在数字或数据通信系统中，通常利用抗干扰编码进行差错控制。一般分为四类：前向纠错（FEC）、反馈检测（ARQ）、混合纠错（HEC）和信息反馈（IRQ）。

FEC 方式是在信息码序列中，以特定结构加入足够的冗余位——称为“监督元”(或“校验元”)。接收端解码器可以按照双方约定的特定的监督规则，自动识别出少量差错，并能予以纠正。FEC 最适于高速实时传输的情况。

在非实时数据传输中，常用 ARQ 差错控制方式。解码器按编码规则逐一对接收码组检测其错误。如果无误，向发送端反馈“确认”ACK 信息；如果有错，则反馈回 ANK 信息，以表示请求发送端重复发送刚刚发送过的这一信息。ARQ 方式的优点在于编码冗余位较少，可以有较强的检错能力，同时编解码简单。由于检错与信道特征关系不大，在非实时通信中 ARQ 方式具有普遍应用价值。

HEC 方式是上述两种方式的有机结合，即在纠错能力内，实行自动纠错；而当超出纠错能力的错误位数时，可以通过检测而发现错码，不论错码多少都可以利用 ARQ 方式进行纠错。

IRQ 方式是一种全回执式最简单差错控制方式。在该检错方式中，接收端将收到的信码原样转发回发送端，并与原发送信码相比较，若发现错误，则发送端再进行重发。它只适于低速非实时数据通信，是一种较原始的做法。

（三）流量控制

在双方的数据通信中，如何控制数据通信的流量同样非常重要。它既可以确保数据通信的有序进行，还可避免通信过程中不会出现因为接收方来不及接收而造成的数据丢失。这就是数据链路层的“流量控制”功能。数据的发送与接收必须遵循一定的传送速率规则，可以使得接收方能及时地接收发送方发送的数据。并且当接收方来不及接收时，就必须及时控制发送方数据的发送速率，使两方面的速率基本匹配。

（四）链路管理

数据链路层的“链路管理”功能包括数据链路的建立、链路的维持和链路的释放三个主要方面。当网络中的两个节点要进行通信时，数据的发送方必须确知接收方是否已处于准备接收的状态。为此通信双方必须先交换一些必要的信息，以建立一条基本的数据链路。在传输数据时要维持数据链路，而在通信完毕时要释放数据链路。

（五）MAC 寻址

这是数据链路层中的 MAC 子层的主要功能。这里所说的“寻址”与“IP 地址寻址”是完全不一样的，因为此处所寻找的地址是计算机网卡的 MAC 地址，也称“物理地址”或“硬件地址”，而不是 IP 地址。在以太网中，采用媒体访问控制 (MAC) 地址进行寻址，MAC 地址被烧入每个以太网网卡中。这在多点连接的情况下非常必要，因为在这种多点连接的网络通信中，必须保证每一帧都能准确地送到正确的地址，接收方也应当知道发送方是哪一个站。

二、以太网协议

以太网是目前使用最广泛的局域网技术。由于其成本低、可扩展性强、与 IP 网能够很好地结合等特点，以太网技术的应用正从企业内部网向公用电信网领域迈进。以太网接入是指将以太网技术与综合布线相结合，作为公用电信网的接入网，直接向用户提供基于 IP 的多种业务的传送通道。以太网技术的实质是一种二层的媒质访问控制技术，可以在五类线上传送，也可以与其他接入媒质相结合，形成多种宽带接入技术。以太网与电话铜缆上的 VDSL 相结合，形成 EoVDSL 技术；与无源光网络相结合，产生 EPON 技术；在无线环境中，发展为 WLAN 技术。

（一）Ethernet 地址

为了标识以太网上的每台主机，需要给每台主机上的网络适配器（网络接口卡）分配一个唯一的通信地址，即 Ethernet 地址（也称为网卡的物理地址或 MAC 地址）。网络适配器制造厂商为自己生产的每块网络适配器分配一个唯一的 Ethernet 地址。因为在每块网络适配器出厂时，其 Ethernet 地址就已被烧录到网络适配器中，所以有时我们也将此地址称为烧录地址。

（二）CSMA/CD

载波监听多路访问 / 冲突检测方法（Carrier Sense Multiple Access/Collision Detection，CSMA/CD）。在以太网中，所有的节点共享传输介质。如何保证传输介质有序、高效地为许多节点提供传输服务，就是以太网的介质访问控制协议要解决的问题。CSMA/CD 是一种争用型的介质访问控制协议。它起源于美国夏威夷大学开发的 ALOHA 网所采用的争用型协议，并进行了改进，使之具有比 ALOHA 协议更高的介质利用率。另一个改进是，对于每一个站而言，一旦它检测到有冲突，就放弃它当前的传送任务。换言之，如果两个站都检测到信道是空闲的，并且同时开始传送数据，则它们几乎立刻就会检测到有冲突发生。它们不应该再继续传送它们的帧，因为这样只会产生垃圾；相反，一旦检测到冲突，它们应该立即停止传送数据。快速地终止被损坏的帧可以节省时间和带宽。

CSMA/CD 控制方式的优点是原理比较简单，技术上易实现，网络中各工作站处于平等地位，无须集中控制以及不提供优先级控制。但在网络负载增大时，发送时间增加，发送效率急剧下降。CSMA/CD 应用于 OSI 的数据链路层，它的工作原理是：发送数据前先侦听信道是否空闲，若空闲则立即发送数据；在发送数据时，边发送边继续侦听；若侦听到冲突，则立即停止发送数据。等待一段随机时间，再重新尝试。

三、ARP/RARP

（一）ARP 的工作原理

在浏览器里面输入网址时，域名系统（Domain Name System，DNS）服务器会自动把它解析为 IP 地址，浏览器实际上查找的是 IP 地址而不是网址。那么 IP 地址转换为第二层物理地址是通过 ARP 来完成的。ARP 对网络安全具有重要的意义。

在局域网中，网络中实际传输的是“帧”，帧里面是有目标主机的 MAC 地址的。在以太网中，一个主机要和另一个主机进行直接通信，必须知道目标主机的 MAC 地址。目标 MAC 地址是通过地址解析协议获得的。所谓“地址解析”就是主机在发送帧前将目标 IP 地址转换成目标 MAC 地址的过程。ARP 协议的基本功能就是通过目标设备的 IP 地址，查询目标设备的 MAC 地址，以保证通信的顺利进行。

在每台安装有 TCP/IP 协议的电脑里都有一个 ARP 缓存表，表里的 IP 地址与 MAC 地址是一一对应的。ARP 是在仅知道主机的 IP 地址时确定其物理地址的一种协议。因 IPv4 和以太网的广泛应用，其主要作用是通过已知 IP 地址，获取对应物理地址的一种协议。ARP 的工作原理如下：

（1）每台主机都会在自己的 ARP 缓冲区中建立一个 ARP 列表，以表示 IP 地址和 MAC 地址的对应关系。

（2）当源主机需要将一个数据要发送到目的主机时，会首先检查自己 ARP 列表中是否存在该 IP 地址对应的 MAC 地址，如果有，就直接将数据包发送到这个 MAC 地址；如果没有，就向本地网段发起一个 ARP 请求的广播包，查询此目的主机对应的 MAC 地址。此 ARP 请求数据包里包括源主机的 IP 地址、硬件地址以及目的主机的 IP 地址。

（3）网络中所有的主机收到这个 ARP 请求后，会检查数据包中的目的 IP 是否和自己的 IP 地址一致，如果不相同就忽略此数据包；如果相同，该主机首先将发送端的 MAC 地址和 IP 地址添加到自己的 ARP 列表中，如果 ARP 表中已经存在该 IP 的信息，则将其覆盖，然后给源主机发送一个ARP响应数据包，告诉对方自己是它需要查找的MAC地址。

（4）源主机收到这个 ARP 响应数据包后，将得到的目的主机的 IP 地址和 MAC 地址添加到自己的 ARP 列表中，并利用此信息开始数据的传输。如果源主机一直没有收到

ARP 响应数据包，表示 ARP 查询失败。

（二）RARP 的工作原理

ARP 是设备通过自己知道的 IP 地址来获得自己不知道的物理地址的协议。假如一个设备不知道它自己的 IP 地址，但是知道自己的物理地址（网络上的无盘工作站就是这种情况，设备知道的只是网络接口卡上的物理地址），RARP 正是针对这种情况的一种协议。

RARP 以与 ARP 相反的方式工作。RARP 发出要反向解析的物理地址并希望返回其对应的 IP 地址，应答包括由能够提供所需信息的 RARP 服务器发出的 IP 地址，虽然发送方发出的是广播信息,RARP规定只有RARP服务器能产生应答。许多网络指定多个RARP服务器，这样做既是为了平衡负载，也是为了作为出现问题时的备份。RARP 的工作原理如下：

(1) 发送主机发送一个本地的 RARP 广播，在此广播包中，声明自己的 MAC 地址并且请求任何收到此请求的 RARP 服务器分配一个 IP 地址。

(2) 本地网段上的 RARP 服务器收到此请求后，检查其 RARP 列表，查找该 MAC 地址对应的 IP 地址。

(3) 如果存在，RARP 服务器就给源主机发送一个响应数据包并将此 IP 地址提供给对方主机使用。

(4) 如果不存在，RARP 服务器对此不做任何的响应。

(5) 源主机收到从 RARP 服务器的响应信息，就利用得到的 IP 地址进行通信；如果一直没有收到 RARP 服务器的响应信息，表示初始化失败。

（三）PPP

l.PPP 的概念

点对点协议（Point to Point Protocol，PPP）是为在同等单元之间传输数据包这样的简单链路设计的链路层协议。这种链路提供全双工操作，并按照顺序传递数据包。PPP 的设计目的主要是用来通过拨号或专线方式建立点对点连接发送数据，使其成为各种主机、网桥和路由器之间简单连接的一种共通的解决方案。

PPP 最初设计是为两个对等节点之间的 IP 流量传输提供一种封装协议。在 TCP/IP 协议族中它是一种用来同步调制连接的数据链路层协议（OSI 模式中的第二层），替代了原来非标准的第二层协议，即 SLIP。除了 IP 以外，PPP 还可以携带其他协议，包括 DECnet 和 Novell 的 Internet 网包交换。PPP 是一种多协议成帧机制，它适合在调制解调器、HDLC 位序列线路、SONET 和其他的物理层上使用。它支持错误检测、选项协商、头部压缩以及使用 HDLC 类型帧格式（可选）的可靠传输，其优点如下：

(1) 明确地划分出一帧的尾部和下一帧的头部的成帧方式。这种帧格式也用于处理错误检测工作。

(2) 当线路不再需要时，挑选出这些线路并对其测试，商议选择，并仔细地再次释放链路控制协议。这个协议被称为链路控制协议（Link Control Protocol，LCP）。

(3) 用独立于所使用的网络层协议的方法来商议使用网络层的哪些选项。对于每个所支持的网络层来说，所选择的方法有不同的网络控制协议（Network Control Protocol，NCP）。PPP数据帧不仅能通过拨号电话线发送出去，而且还能通过SONET或HDLC线路(路由器与路由器相连）发送出去。

2.PPP 帧格式

PPP 帧格式以 HDLC 帧格式为基础，做了很少的改动。二者的主要区别是：PPP 是面向字符的，而 HDLC 是面向位的。PPP 在点到点串行线路上使用字符填充技术。所以，所有的帧的大小都是字节的整数倍。

(1) 标志字段：PPP 帧是以标准 HDLC 标志字节（01111110）开始和结束的。

(2) 地址字段：缺省情况下，被固定设成二进制数 11111111，因为点到点线路的一个方向上只有一个接收方。

(3) 控制字段：缺省情况下，被固定设成二进制数 00000011。

(4) 协议字段：用来标明后面携带的是什么类型的数据，其缺省大小为 2 个字节。如果是 LCP 包，则可以是 1 个字节。

(5) 数据字段：其长度可变，缺省最大长度为 1500 个字节。

(6) 校验和字段：通常情况下是 2 个字节，但也可以是 4 个字节。

PPP 采用 7EH 作为一帧的开始和结束标志（F）；其中地址域（A）和控制域（C）取固定值（A = FFH，C = 03H）；协议域（2 个字节）取 0021H 表示 IP 分组，取 8021H 表示网络控制数据，取 C021H 表示链路控制数据；帧校验域（FCS）也为 2 个字节，它用于对信息域的校验。若信息域中出现 7EH，则转换为（7DH，5EH）两个字符。当信息域出现 7DH 时，则转换为（7DH，5DH）。当信息流中出现 ASCII 码的控制字符（小于 20H），即在该字符前加入一个 7DH 字符。

3.PPP 的工作流程

PPP 协议中提供了一整套方案来解决链路建立、维护、拆除、上层协议协商、认证等问题。PPP 协议包含：链路控制协议 LCP；网络控制协议 NCP；认证协议，最常用的包括口令验证协议PAP和挑战握手验证协议CHAP。LCP负责创建、维护或终止一次物理连接。NCP 是一族协议，负责解决物理连接上运行什么网络协议，以及解决上层网络协议发生的问题。一个典型的链路建立过程分为三个阶段：创建阶段、认证阶段和网络协商阶段。

第三节 网络层协议

网络层，有时也称作互联网层，处理分组在网络中的活动，例如分组的选路。在TCP/IP协议族中，网络层协议包括IP，Internet控制报文协议（Internet Control Message Protocol，ICMP）以及Internet组管理协议（Internet Group Management Protocol，IGMP）。

IP是一种网络层协议，提供的是一种不可靠的服务，它只是尽可能快地把分组从源结点送到目的结点，但是并不提供任何可靠性保证。它同时被TCP和UDP使用，TCP和UDP的每组数据都通过端系统和每个中间路由器中的IP层在互联网中进行传输。

ICMP是IP协议的附属协议。IP层用它来与其他主机或路由器交换错误报文和其他重要信息。

IGMP是Internet组管理协议。它用来把一个UDP数据报多播到多个主机。

一、IP

（一）IP概述

“目前最大规模的计算机网络——因特网是基于TCP/IP体系构建的，TCP/IP成为计算机网络的事实上的国际标准，IP协议是该体系中的核心网络层协议。”① 所有的TCP、UDP、ICMP及IGMP数据都以IP数据报格式传输，它提供的是一个不可靠、无连接的数据报传递服务。

IP的最大成功之处在于它的灵活性，它只要求物理网络提供最基本的功能，即物理网络可以传输包——IP数据报，数据报有合理大小，并且不要求完全可靠地传递。IP提供的不可靠、无连接的数据报传送服务使得各种各样的物理网络只要能够提供数据报传输就能够互联，这成为Internet在数年间就风靡全球的主要原因。由于IP在TCP/IP协议中是如此重要，它成为TCP/IP互联网设计中最基本的部分，有时都称TCP/IP互联网为基于IP技术的网络。

不可靠的意思是它不能保证IP数据报能成功地到达目的地。IP是仅提供最大努力投递的传输服务，如果发生某种错误时，如某个路由器暂时没有空闲的缓冲区，IP有一个简单的错误处理算法：丢弃该数据报，然后发送ICMP消息报给发送端。任何要求的可靠性必须由上层来提供（如TCP）。

无连接的意思是IP并不维护任何关于后续数据报的状态信息。每个数据报的处理是

① 黄薇，卢立常，万鹏.空间信息传输网络层协议分析[J].无线电工程，2009，39（12）：2.

相互独立的。这也说明，IP 数据报可以不按发送顺序接收。如果发送端向相同的接收端发送两个连续的数据报（先是 A，然后是 B），每个数据报都是独立地进行路由选择，可能选择不同的路线，因此 B 可能在 A 到达之前先到达。

IP 提供了以下三个重要的定义：

(1) IP 定义了在整个 TCP/IP 互联网上数据传输所用的基本单元，因此它规定了互联网上传输数据的确切格式。

(2) IP 软件完成路由选择的功能，选择一个数据发送的路径。

(3) 除了数据格式和路由选择的精确而正式的定义外，IP 还包括了一组嵌入了不可靠分组投递思想的规则，这些规则指明了主机和路由器应该如何处理分组、实际如何发出错误信息以及在什么情况下可以放弃分组。

（二）IP 地址的简介

为了使接入 Internet 的众多主机在通信时能够相互识别，Internet 上的每一台主机和路由器都分配有一个唯一的 32 位地址，即 IP 地址，也称作网际地址。IP 地址一般采用国际上通用的点分十进制表示。

一个 IP 地址由 4 个字节组成，字节之间用句号分隔，每个字节表示为从 0 ～ 255 的十进制数（8 位二进制数最大为 11111111，即十进制数 255），这个表示法称为 IP 地址的点分十进制表示法。

从概念上讲，每个 IP 地址都由两部分组成：网络号和主机号。网络号标识主机所连接的网络，也叫网络地址；主机号则标识该网络上某个特定的主机，也称主机地址。对一个互联网来说，网络号在互联网中必须唯一，而主机号在相应的网络中也必须唯一。

一般来说，互联网上的每个接口必须有一个唯一的 IP 地址，因而多接口主机具有多个 IP 地址，其中每个接口都对应一个 IP 地址。

（三）IP 地址的分类

IP 协议规定了 IP 地址分为五类：A ～ E，其中 A、B、C 三类是基本类型。IP 地址分类是根据网络号的最高几位来区分。

A 类地址的最高位为“0”，其后 7 位是网络号，24 位用作主机号。A 类地址共 126 个网络，它用于少数主机数量众多的大型网络，主机数可以达到 16777216-2 = 16777214 台。B 类地址的前 2 位为“10”，其后 14 位为网络号，16 位用作主机号。B 类地址共 16384 个网络，它用于中等规模的网络，每个网络主机数最多为 65536-2 = 65534 台。C 类地址的最高位为“110”，其后 21 位为网络号，8 位用作主机号。C 类地址共 2097152 个网络，它用于小型网络，每个网络的主机数只能少于 256-2 = 254 台。

D 类地址为组播地址，它用一个地址代表一组主机。组播是到一个“主机组”的 IP 数据报的传送，主机组是由零个或多个用同一 D 类 IP 目的地址表示的主机集合。组播数据报被传递到其目的主机组的所有成员，并且与常规单点传送的 IP 数据报一样可靠。主机组的成员是动态的，也就是说，主机可以在任何时间加入或离开主机组。主机组中成员在位置上和数量上都没有限制，一个主机可以同时是一个以上主机组的成员。随着网络视频传播越来越多，组播使用也越来越广泛。

E 类是实验性地址，保留给将来使用。

在同一个互联网上，A、B、C 类的 IP 地址必须唯一。另外，它还有如下规则：

（1）A 类地址中以 127 打头的保留作为内部回送地址，不能用作公共网地址。

（2）网络号的第一个 8 位组不能为 0，网络号为 0 解释为本网，网络号为 0 的主机地址表示该地址是本地主机。

（3）网络号的第一个 8 位组不能为 255，数字 255 用作广播地址。

（4）主机号部分各位不能为全“1”，全“1”地址是广播地址，在网络号所指的网络上传播。

（5）主机号部分各位不能为全“0”，全“0”地址是指示本网络。

校园网或企业网如果只是内部的互联网，则可自己规定网上各主机的 IP 地址。如果是与 Internet 连接的，则要向 Internet 编号管理局的有关机构申请网络号。例如中国教育科研网的用户就向 CERNET 的网络中心申请网络号，然后再安排网上主机地址。对于使用内部地址的用户，最好也不要随便用别人的地址，而是使用在请求评论（Request For Comments，RFC）1918 中推荐的为私有网络保留的 IP 地址空间：

10.0.0.0-10.255.255.255（1 个 A 类地址）

172.16.0.0-172.31.255.255（32 个 B 类地址）

192.168.0.0-192.168.255.255（256 个 C 类地址）

（四）子网与子网掩码

由于 A 类地址太少，并且事实上也没有这样大的网络，因此在实际应用中，IP 地址还可以分层：将一个网络分为多个子网，如可将一个A类网络分成256个B类大小的子网，同样，B 类地址、C 类地址也可以分层。在分层时，不再把 IP 地址看成由单纯的一个网络号和一个主机号组成，而是把主机号再分成一个子网号和一个主机号。这就是所谓的子网编址，现在所有的主机都要求支持子网编址。

同一网络中的不同子网用子网掩码来划分，子网掩码是网际地址中对应网络标识编码的各位为 1，对应主机标识编码的各位为 0 的一个四字节整数，也叫作子网屏蔽码。对于 A、B、C 三类网络来说，它们都有自己默认的掩码，即没有划分子网时的掩码。子网掩码的作用是：如果两台主机的 IP 地址和子网掩码“与”的结果相同，则这两台主机是在同一个子网中。比如说，清华大学校园网是一个 B 类网络，但它分成了几十个子网，如清华大学计算中心子网由四个 C 类地址构成，IP 地址范围为 166.111.4.1 ～ 166.111.7.254，其子网掩码为 255.255.252.0。清华大学主页服务器的 IP 地址 166.111.4.100，它和主机 166.111.5.1 处于同一子网，而和 166.111.80.16 则不在同一子网中。

不同的子网掩码将网络分割为不同的子网，如对于 B 类网络来说，子网掩码为

255.255.0.1 将一个网络划分为两个子网，一个子网的 IP 地址的最后一个字节为奇数，另一个子网的 IP 地址的最后一个字节为偶数。

二、ICMP

（一）ICMP 的简介

ICMP 工作在网络层，向数据通信中的源主机报告错误。ICMP 可以实现故障隔离和故障恢复。网络本身是不可靠的，在网络传输过程中，可能会发生许多突发事件并导致数据传输失败。网络层的 IP 协议是一个无连接的协议，它不会处理网络层传输中的故障，而位于网络层的 ICMP 协议却恰好弥补了 IP 的缺陷，它使用 IP 协议进行信息传递，向数据包中的源端节点提供发生在网络层的错误信息反馈，允许主机或路由器报告差错情况和提供有关异常情况的报告。

一般来说，ICMP 报文提供针对网络层的错误诊断、拥塞控制、路径控制和查询服务四项大的功能。

（二）ICMP 报头的结构

ICMP 提供了一种机制，任何一个 IP 设备都可以使用该机制发送控制报文给另一设备。根据报文的不同，这些设备可以是主机或路由器。

（1）类型：标识生成的错误报文，它是 ICMP 报文中的第一个字段。

（2）代码：进一步地限定生成 ICMP 报文。该字段用来查找产生错误的原因。

（3）校验和：存储了 ICMP 所使用的校验和值。

（4）未使用：保留字段，供将来使用，起始值设为 0。

（5）数据：包含了所有接收到的数据报的 IP 报头，还包含 IP 数据报中前 8 个字节的数据。我们可把 ICMP 报文分成两类：差错和查询。查询报文是用一对请求和回答定义的。ICMP 差错报文通常包含了引起错误的 IP 数据报的第一个分片的 IP 首部（和选项），加上该分片数据部分的前 8 个字节。

三、路由的选择

从概念上说，IP 路由选择对于主机是简单的。如果目的主机与源主机直接相连（如点对点链路）或都在一个共享网络上（以太网或令牌环网），那么 IP 数据报就直接送到目的主机上。否则，主机把数据报发往默认的路由器上，由路由器来转发该数据报。大多数主机都是采用这种简单机制。

IP 层既可以配置成路由器的功能，也可以配置成主机的功能。当今的大多数用户系统，包括几乎所有的 UNIX 系统，都可以配置成一个路由器。我们可以为它指定主机和路由器都可以使用的简单路由算法。其本质上的区别在于主机从不把数据报从一个接口转发到另一个接口，而路由器则要转发数据报。内含路由器功能的主机应该从不转发数据报，除非它被设置成转发。

在一般的体制中，IP 可以从 TCP、UDP、ICMP 和 IGMP 接收数据报（在本地生成的数据报）并进行发送，或者从一个网络接口接收数据报（待转发的数据报）并进行发送。IP 层在内存中有一个路由表。当收到一份数据报并进行发送时，它都要对该表搜索一次。当数据报来自某个网络接口时，IP 首先检查目的 IP 地址是否为本机的 IP 地址之一或者 IP 广播地址。如果确实是这样，数据报就被送到由 IP 首部协议字段所指定的协议模块进行处理。如果数据报的目的不是这些地址，那么会出现两种情况：①如果 IP 层被设置为路由器的功能，那么就对数据报进行转发（也就是说，像下面对待发出的数据报一样处理）；②数据报被丢弃。

（一）路由表的包含信息

路由表中的每一项都包含下面这些信息：

(1) 目的 IP 地址。它既可以是一个完整的主机地址，也可以是一个网络地址，由该表目中的标志字段来指定（如下所述）。主机地址有一个非 0 的主机号，以指定某一特定的主机，而网络地址中的主机号为 0，以指定网络中的所有主机（如以太网、令牌环网）。

(2) 下一站（或下一跳）路由器的 IP 地址，或者有直接连接的网络 IP 地址。下一站路由器是指一个在直接相连网络上的路由器，通过它可以转发数据报。下一站路由器不是最终的目的，但是它可以把传送给它的数据报转发到最终目的。

(3) 标志。其中一个标志指明目的 IP 地址是网络地址还是主机地址，另一个标志指明下一站路由器是否为真正的下一站路由器，还是一个直接相连的接口。

(4) 为数据报的传输指定一个网络接口。

IP 路由选择是逐跳进行的。从这个路由表信息可以看出，IP 并不知道到达任何目的的完整路径（当然，除了那些与主机直接相连的目的）。所有的 IP 路由选择只为数据报传输提供下一站路由器的 IP 地址。它假定下一站路由器比发送数据报的主机更接近目的，而且下一站路由器与该主机是直接相连的。

（二）IP 路由选择的功能

IP 路由选择主要完成以下这些功能：

(1)搜索路由表，寻找能与目的IP地址完全匹配的表目(网络号和主机号都要匹配)。如果找到，则把报文发送给该表目指定的下一站路由器或直接连接的网络接口（取决于标志字段的值）。

(2) 搜索路由表，寻找能与目的网络号相匹配的表目。如果找到，则把报文发送给该表目指定的下一站路由器或直接连接的网络接口（取决于标志字段的值）。目的网络上的所有主机都可以通过表目来处置。

(3) 搜索路由表，寻找标为“默认”的表目。如果找到，则把报文发送给该表目指定的下一站路由器。

如果上面这些步骤都没有成功，那么该数据报就不能被传送。如果不能传送的数据报来自本机，那么一般会向生成数据报的应用程序返回一个“主机不可达”或“网络不可达”的错误。完整主机地址匹配在网络号匹配之前执行。只有当它们都失败后才选择默认路由。默认路由以及下一站路由器发送的ICMP间接报文，是IP路由选择机制中功能强大的特性。为一个网络指定一个路由器，而不必为每个主机指定一个路由器，这是IP路由选择机制的另一个基本特性，这样做可以极大地缩小路由表的规模。

第四节　传输层协议

网络层只是负责相邻节点之间的通信，例如源节点将数据交给相邻的路由器，路由器再根据路由表转发给下一跳路由器接口。而传输层则是保证源节点和最终目的节点之间的逻辑通信。从严格意义上讲，两台主机进行的通信实际上是两台主机上的应用进程相互通信，传输层正是提供应用进程间的逻辑通信。除管理进程间的逻辑链路之外，传输层还对收到的报文进行检错和纠错，因为在网络层的IP报文只检验报文首部而不负责数据部分的对错。

在运输层有两个不同的协议，即传输控制协议（Transmission Control Protocol，TCP）和用户数据报协议（User Datagram Protocol，UDP）。

TCP是面向连接的服务，在传送数据前必须先建立逻辑连接，数据传送结束后要释放该连接。它对所传送的数据提供确认、流量控制、计时及连接管理等，因此开销较大。

UDP是非面向连接的服务，在传送数据前无须建立连接，更不需要确认信息。虽然UDP不提供可靠传送，但在某些情况下还是一种非常有效的管理方式。

一、传输层的端口及其类型

在以太网的数据帧结构中有个“类型”字段用来表示上层协议，IP数据报文的结构中有一个“协议”字段用来表明上层是TCP还是UDP协议。在传输层中，TCP或UDP用“端口”来区分上层不同的应用协议。

TCP和UDP都使用了端口号来表示上层的不同应用程序。端口号只有本地意义，它只是用于标志本计算机应用层的各进程，在因特网中不同计算机的相同端口号是没有联系的。TCP和UDP分别有自己的端口编号，例如TCP的53和UDP的53分别表示不同的应用进程。

端口号分为两类：一类是由“因特网指派名字和号码公司ICANN”负责分配给一些常用的应用层程序固定使用的，称为“熟知端口”，其值一般为0～1023。这些端口除指定的进程外，其他进程不能使用；另外一类则是一般端口，用来随时分配给请求通信的客户进程。

二、TCP

（一）TCP 概述

TCP 是一种面向连接（连接导向）的、可靠的、基于字节流的运输层通信协议，尽管 TCP 和 UDP 都使用相同的 IP，TCP 却向应用层提供与 UDP 完全不同的服务。TCP 提供一种面向连接的、可靠的字节流服务。面向连接意味着两个使用 TCP 的应用（通常是一个客户和一个服务器）在彼此交换数据之前必须先建立一个 TCP 连接。

TCP 采用了许多与数据链路层类似的机制来保证可靠的数据传输，如采用序列号、确认、滑动窗口协议等。只不过 TCP 协议的目的是实现端到端节点之间的可靠数据传输，而数据链路层协议则为了实现相邻节点之间的可靠数据传输。

首先，TCP 要为所发送的每一个报文段加上序列号，保证每一个报文段能被接收方接收，并只被正确地接收一次。

其次，TCP 采用具有重传功能的积极确认技术作为可靠数据流传输服务的基础。这里，“确认”是指接收端在正确收到报文段之后向发送端回送一个确认字符（Acknowledgement，ACK）。发送方将每个已发送的报文段备份在自己的发送缓冲区里，而且在收到相应的确认之前是不会丢弃所保存的报文段的。“积极”是指发送方在每一个报文段发送完毕的同时启动一个定时器，假如定时器的定时期满而关于报文段的确认信息尚未到达，则发送方认为该报文段已丢失并主动重发。为了避免由于网络延迟引起迟到的确认和重复的确认，TCP 规定在确认信息中附带一个报文段的序号，使接收方能正确地将报文段与确认信息联系起来。

最后，采用可变长的滑动窗口协议进行流量控制，以防止由于发送端与接收端之间的不匹配而引起数据丢失。这里所采用的滑动窗口协议与数据链路层的滑动窗口协议在工作原理上是完全相同的，唯一的区别在于滑动窗口协议用于传输层是为了在端到端节点之间实现流量控制，而用于数据链路层是为了在相邻节点之间实现流量控制。TCP 采用可变长的滑动窗口，使得发送端与接收端可根据自己的 CPU 和数据缓存资源对数据发送和接收能力来做出动态调整，从而灵活性更强，也更合理。

（二）TCP 报文段的格式

TCP 的协议数据单元被称为报文段，TCP 通过报文段的交互来建立连接、传输数据、发出确认、进行差错控制、流量控制及关闭连接。报文段分为两部分，即报文段头和数据。所谓报文段头就是 TCP 为了实现端到端可靠传输所加上的控制信息，而数据则是指由高层即应用层传送来的数据。

TCP 不是按传送的报文段来编号。TCP 将所要传送的整个报文（这可能包括许多个报文段)看成是一个个字节组成的数据流，然后对每一个数据流编一个序号。在连接建立时，双方要商定初始序号。TCP 就将每一次所传送的报文段中的第一个数据字节的序号，放在 TCP 首部的序号字段中。

TCP 的确认是对接收到的数据的最高序号（收到的数据流中的最后一个序号）表示确认，但返回的确认序号是已收到的数据的最高序号加 1。也就是说，确认序号表示的是期望下次收到的第一个数据字节的序号。由于 TCP 能提供全双工通信，因此通信中的每一方都不必专门发送确认报文段，而可以在传送数据时顺便把确认信息附加传送。若发送方在规定的设置时间内没有收到确认，就要将未被确认的报文段重新发送；接收方若收到有差错的报文段，则丢弃此报文段而并不发送否认信息。若收到重复的报文段，也要将其丢弃，但要发回（或捎带发回）确认信息。这与数据链路层的情况相似。

（三）TCP 的连接管理

1. 建立连接

在源主机想和目的主机通信时，目的主机必须同意，否则 TCP 连接无法建立。为了建立一个 TCP 连接，两个系统需要同步其初始 TCP 序号 ISN。序号用于跟踪通信顺序并确保多个包传输时没有丢失。初始序号是 TCP 连接建立时的起始编号。为了确保 TCP 连接的成功建立，TCP 采用了一种称为“三次握手”的方式，“三次握手”方式使得“序号 / 确认号”系统能够正常工作，从而使它们的序号达成同步。如果“三次握手”成功，则连接建立成功，可以开始传送数据信息。建立连接“三次握手”包括以下内容：

第一步：源主机 A 的 TCP 向主机 B 发出连接请求报文段，其首部中的 SYN（同步）标志位应置“1”，表示想与目标主机 B 进行通信，并发送一个同步序列号 x（例：SEQ = 100）进行同步，表明在后面传送数据时的第一个数据字节的序号是 x + 1（101）。SYN 同步报文会指明客户端使用的端口以及 TCP 连接的初始序号。

第二步：目标主机 B 的 TCP 收到连接请求报文段后，如同意，则发回确认。在确认报中应将 ACK 位和 SYN 位置“1”，表示客户端的请求被接受。确认号应为 x + 1，同时也为自己选择一个序号 y。

第三步：源主机 A 的 TCP 收到目标主机 B 的确认后要向目标主机 B 给出确认，其 ACK 置“1”，确认号为 y + 1，而自己的序号为 x + 1。TCP 的标准规定，SYN 置“1”的报文段要消耗掉一个序号。

运行客户进程的源主机 A 的 TCP 通知上层应用进程，连接已经建立。当源主机 A 向目标主机 B 发送第一个数据报文段时，其序号仍为 x + 1，因为前一个确认报文段并不消耗序号。当运行服务进程的目标主机 B 的 TCP 收到源主机 A 的确认后，也通知其上层应用进程，连接已经建立。至此建立了一个全双工的连接。

2. 传送数据

位于 TCP/IP 分层模型的较上层的应用程序传输数据流给 TCP。TCP 接收到字节流并且把它们分解成段。假如数据流不能被分成一段，那么每一个其他段都被分给一个序列号。在目的主机端，这个序列号用来把接收到的段重新排序成原来的数据流。

3. 连接的拆除

一个 TCP 连接建立之后，即可发送数据，一旦数据发送结束，就需要关闭连接。由于 TCP 连接是一个全双工的数据通道，一个连接的关闭必须由通信双方共同完成。当通信的一方没有数据需要发送给对方时，可以使用 FIN 段向对方发送关闭连接请求。这时，它虽然不再发送数据，但并不排斥在这个连接上继续接收数据。只有当通信的对方也递交了关闭连接的请求后，这个 TCP 连接才会完全关闭。

在关闭连接时，既可以由一方发起而另一方响应，也可以双方同时发起。无论怎样，收到关闭连接请求的一方必须使用 ACK 段给予确认。实际上，TCP 连接的关闭过程也是一个“三次握手”的过程。

在关闭连接之前，为了确保数据正确传递完毕，仍然需要采用“三次握手”的方式来关闭连接。关闭连接“三次握手”包括以下内容：

第一步：源主机 A 的应用进程先向其 TCP 发出连接释放请求，并且不再发送数据。TCP 通知对方要释放从 A 到 B 这个方向的连接，将发往主机 B 的 TCP 报文段首部的终止比特 FIN 置“1”，其序号 x 等于前面已传送过的数据的最后一个字节的序号加“1”。

第二步：目标主机 B 的 TCP 收到释放连接通知后即发出确认，其序号为 y，确认号为 x + 1，同时通知高层应用进程。这样，从 A 到 B 的连接就释放了，连接处于半关闭状态。此后，主机 B 不再接收主机 A 发来的数据。但若主机 B 还有一些数据要发送主机 A，则可以继续发送。主机 A 只要正确收到数据，仍应向主机 B 发送确认。

第三步：若主机 B 不再向主机 A 发送数据，其应用进程就通知 TCP 释放连接。主机 B 发出的连接释放报文段必须将终止比特 FIN 和确认比特 ACK 置“1”，并使其序号仍为 y，但还必须重复上次已发送过的 ACK = x + 1。主机 A 必须对此发出确认，将 ACK 置“1”，ACK = y + 1，而自己的序号是 x + 1。这样才把从 B 到 A 的反方向的连接释放掉。主机 A 的 TCP 再向其应用进程报告，整个连接已经全部释放。

三、UDP

（一）UDP 概述

UDP 是 OSI 参考模型中一种无连接的传输层协议，提供面向事务的简单不可靠信息传送服务。在网络中它与 TCP 协议一样用于处理 UDP 数据包。在 OSI 模型中，UDP 处在第四层——传输层，处于 IP 协议的上一层。UDP 有不提供数据包分组、组装和不能对数据包进行排序的缺点，也就是说，当报文发送之后，是无法得知其是否安全完整到达的。UDP 用来支持那些需要在计算机之间传输数据的网络应用。包括网络视频会议系统在内的众多的客户 / 服务器模式的网络应用都需要使用 UDP 协议。UDP 协议从问世至今已经被使用了很多年，虽然其最初的光彩已经被一些类似协议所掩盖，但是即使是在今天，UDP 仍然是一项非常实用和可行的网络传输层协议。

与所熟知的 TCP 一样，UDP 直接位于 IP（网际协议）协议的顶层。根据 OSI（开放系统互联）参考模型，UDP 和 TCP 都属于传输层协议。UDP 的主要作用是将网络数据流量压缩成数据包的形式。一个典型的数据包就是一个二进制数据的传输单位。每一个数据包的前 8 个字节用来包含报头信息，剩余字节则用来包含具体的传输数据。

在交给 IP 层之前，UDP 给用户要发送的数据加上一个首部。IP 层又给从 UDP 接收到的数据报加上一个首部。最后，网络接口层把数据报封装到一个帧里，再进行机器之间的传送。帧的结构根据底层的网络技术来确定。通常网络帧结构包括一个附加的首部。

（二）UDP 端口号的分配

如何分配协议端口号这个问题很重要，因为两台计算机之间在交互操作之前必须确认一个端口号，才能保证数据报在两个进程间正常传输。端口分配有以下两种基本方式：

第一种是使用中央管理机构。大家都同意让一个管理机构根据需要分配端口号，并发布分配的所有端口号的列表。所有的软件在设计时都要遵从这个列表。这种方式又称为统一分配，这些被管理机构指定的端口分配又称为熟知端口分配。

第二种端口分配方式是动态绑定。在使用动态绑定时，端口并非为所有的机器知晓。当一个应用程序需要使用端口，为了知道另一台机器上的当前端口号，就必须送出一个请求报文，然后目的主机进行回答，把正确的端口号送回来。TCP/IP 采用一种混合方式对端口地址进行管理，分配了某些端口号，但为本地网点和应用程序留下了很大的端口取值范围。已分配的端口号从较低的值开始，向上扩展，较高的值留待进行动态分配。

（三）UDP 的功能

在TCP/IP协议族中，用户数据报协议UDP提供应用程序之间传输数据报的基本机制。UDP 提供的协议端口能够区分在一台机器上运行的多个程序。也就是说，每个 UDP 报文不仅传输用户数据，还包括目的端口号和源端口号，这使得目的机器上的 UDP 软件能够把报文送到正确的接收进程，而接收进程也能回送应答报文。UDP 使用底层的 Internet 协议在各机器之间传输报文，提供和 IP 一样的不可靠、无连接数据报交付服务。它没有使用确认来确保报文到达，没有对传入的报文排序，也不提供反馈信息来控制机器之间信息流动的速度。因此，UDP 报文可能会出现丢失、反复或乱序到达的现象。而且，分组到达的速率可能大于接收过程能够处理的速率。

UDP 虽然是一种不可靠的网络协议，但是在有些情况下 UDP 会变得非常有用，因为 UDP 具有 TCP 望尘莫及的速度优势。虽然 TCP 中植入了各种安全保障功能，但是在实际执行的过程中会占用大量的系统资源，无疑使速度受到严重的影响。UDP 由于排除了信息可靠传递机制，将安全和排序等功能移交给上层应用来完成，极大地减少了执行时间，使速度得到了保证。UDP 与 TCP 位于同一层，但不能够检测数据包的顺序错误并进行重发。因此，UDP 不被应用于那些使用虚电路的面向连接的服务，UDP 主要用于面向查询及应答的服务，如 NFS。关于 UDP 的最早规范是 1980 年发布的 RFC768。尽管时间已经很长，但是 UDP 仍然继续在主流应用中发挥着作用，包括视频电话会议系统在内的许多应用都证明了 UDP 的存在价值。因为相对于可靠性来说，这些应用更加注重实际性能，所以为了获得更好的使用效果 (如更高的画面帧刷新速率) 往往可以牺牲一定的可靠性 (如画面质量)。UDP 将在今后的网络世界中发挥更加重要的作用。

第五节　应用层协议

应用层协议定义了运行在不同端系统上的应用程序进程如何相互传递报文，应用层负责处理特定的应用程序细节。应用层协议的定义内容包括：交换的报文类型，如请求报文和响应报文；各种报文类型的语法，如报文中的各个字段公共详细描述；字段的语义，即包含在字段中信息的含义；进程何时、如何发送报文及对报文进行响应。

应用层是最终和用户打交道的层次，应用层协议十分丰富，随着因特网的发展，许多应用已经被淘汰，而新的应用又不断被开发出来。应用层许多协议都是基于“客户服务器”方式的，所谓“客户服务器”方式是指通信所涉及的两个应用进程，它的主要特征是：客户是服务请求方，服务器是服务提供方。有些应用层协议是由 RFC 文档定义的，因此它们位于公共领域。例如，Web 的应用层协议 HTTP 就作为一个 RFC 供大家使用。如果浏览器开发者遵从 HTTP 的 RFC 规则，所开发出的浏览器就能访问任何遵从该文档标准的 Web 服务器并获取相应的 Web 页面。还有很多别的应用层协议是专用的，不能随意应用于公共领域。例如，很多现有的 P2P 文件共享系统使用的是专用应用层协议。目前，应用层协议主要有以下几种：

(1) 域名系统：用于实现网络设备名字到 IP 地址映射的网络服务。

(2) 文件传输协议（File Transfer Protocol，FTP）：用于实现交互式文件传输功能。

(3) 简单邮件传送协议（Simple Mail Transfer Protocol，SMTP）：用于实现电子邮箱传送功能。

(4) 超文本传输协议：用于实现 WWW 服务。

(5) 简单网络管理协议（Simple Network Management Protocol，SNMP）：用于管理与监视网络设备。

(6) 远程登录协议（Telnet）：用于实现远程登录功能。

一、DNS

在因特网当中，对主机进行标示的方式是使用IP地址，源主机只有知道目的主机的IP地址才有可能进行通信。因特网中对主机名有一套进行统一命名的方式，称为“域名”系统，因此需要在计算机域名和它的IP地址之间建立一定的映射关系，让这个映射的解析过程由计算机系统自动完成。我们把在因特网中对计算机进行标示的“名字”称为计算机“域名”，负责解析计算机域名的系统称为“域名系统DNS”。

（一）域名结构

由于因特网当中主机数量巨大，全世界采用一台域名服务器进行解析是不现实的。因此，因特网当中的域名系统采用一种层次结构，域名就是“唯一的层次结构的名字”。这里所说的“域”，是指层次化名字空间中的一个可被管理的区域，例如，“新浪网”的域名就是“www.sina.com.cn”。

这里的“cn”表示的是“中国内地地区”，“com”表示的是商业性机构，“sina”是新浪公司自己注册的域名，“www”则是这个域当中的一台主机。

“.”表示“根域”，它负责解析顶级域名“org”“com”“edu”“cn”等。

“com”是顶级域名，它负责解析在它之下的二级域名，例如“microsoft”等。

“microsoft”是二级域名，它负责解析在它之下的子域名称，例如“training”等。

“training”是最底层的域名，它负责解析具体主机名与IP地址的对应关系，例如“Webserver”。

在整个域名系统当中，顶级域名是确定好的，共分为以下三大类：

(1) 国家顶级域名：与各个国家或地区对应的域名，例如.cn表示“中国内地地区”、.us表示“美国”等。

(2) 国际顶级域名：用.int表示，国际性的组织可在.int下注册，例如世界卫生组织的域名为who.int。

(3) 通用顶级域名：用于区别不同类型的组织，例如，.com表示商业组织、.edu表示教育组织、.gov表示政府机构、.net表示网络服务机构、.org表示非营利性组织等。

在国家顶级域名下注册的二级域名由该国家自行确定。例如我国将二级域名分为“类别域名”和“行政域名”，用于表示商业组织的.com就是类别域名，表示北京的.bj就是行政域名。任何组织机构在申请获得域名之后，其下的所有子域的名字由自己确定，不需要申请。例如新浪公司申请的域名sina.com.cn，其下的子域mail.sina.com.cn或news.sina.com.cn可以由自己确定。

（二）域名解析

任何一台主机，要想获得因特网的域名服务，必须为自己指定一个域名服务器的IP地址。然后，当该主机想解析域名时，就把域名解析的请求发送给该服务器，由该服务器完成解析过程。当域名服务器收到查询请求时，首先检查该名字是否在自己的管理域内，如果在，根据本地数据库中的对应关系将结果发回给源主机；如果查询的内容不在自己的管理域内，一般说来，有以下两种解析方法：

（1）迭代查询。该域名服务器不能提供解析的最终结果，它产生的回答指明了客户机应当联系的另外一台域名服务器的地址。一般另外的服务器就是该域的上级域名服务器地址（当然也可以是其他的服务器），这需要由管理员在该服务器中手工指定。

（2）递归查询。该域名服务器和能够解析该名字的服务器联系，直到解析完成，然后将最终解析的结果返回给客户机。任何一台域名服务器必须知道根域名服务器的地址，这样就能保证在递归查询中一定可以找到另外的域名服务器。

TCP 和 UDP 的 53 号端口对应的都是 DNS，也就是说 DNS 在传输层既可以采用 TCP，又可以采用 UDP 通信，但在实际中一般采用的是 UDP。

二、FTP

FTP 是一个用于简化 IP 网络上系统之间文件传送的协议，FTP 是 TCP/IP 的一种具体应用，它工作在 OSI 模型的第七层，TCP 模型的第四层上，即应用层，使用 TCP 传输而不是 UDP，FTP 建立的是一个可靠的连接。采用 FTP 协议可使 Internet 用户高效地从网上的 FTP 服务器下载大信息量的数据文件，将远程主机上的文件拷贝到自己的计算机上，以达到资源共享和传递信息的目的。FTP 的使用使得 Internet 上出现大量为用户提供的下载服务，Internet 由此成为一个巨型的软件仓库。

FTP 有两个过程，一个是控制连接，另一个是数据传输。FTP 协议不像 HTTP 协议一样需要一个端口作为连接（默认时 HTTP 端口是 80，FTP 端口是 21）。FTP 协议需要两个端口，一个端口是作为控制连接端口，也就是 FTP 的 21 端口，用于发送指令给服务器以及等待服务器响应；另外一个端口用于数据传输端口，端口号为 20（仅用 PORT 模式），是用建立数据传输通道的，主要作用是从客户向服务器发送一个文件，从服务器向客户发送一个文件，从服务器向客户发送文件或目录列表。

FTP 的任务是从一台计算机将文件传送到另一台计算机，它与这两台计算机所处的位置、连接的方式甚至是否使用相同的操作系统无关。假设两台计算机通过 FTP 对话，并且能访问 Internet，你可以用 FTP 命令来传输文件。每种操作系统使用上有某一些细微差别，但是每种协议基本的命令结构是相同的。FTP 的传输有两种方式：ASCII 传输模式和二进制数据传输模式。

三、HTTP

"HTTP 协议是目前网络世界中应用最广泛的应用层网络协议。"[①]HTTP 是客户端浏览

① 李康，陈清华，卢金星.HTTP协议研究综述[J].信息系统工程，2021（05）：126.

器或其他程序与Web服务器之间的应用层通信协议。在Internet的Web服务器上存放的都是超文本信息，客户机需要通过HTTP协议传输所要访问的超文本信息。HTTP包含命令和传输信息，不仅可用于Web访问，也可以用于其他联网应用系统之间的通信，从而实现各类应用资源超媒体访问的集成。

（一）宏观运作方式

HTTP用于从WWW服务器传输超文本到本地浏览器的传送协议。它可以使浏览器更加高效，使网络传输减少。它不仅保证计算机正确快速地传输超文本文档，还确定传输文档中的哪一部分，以及哪部分内容首先显示（如文本先于图形）等。这就是在浏览器中看到的网页地址都是以“http：//”开头的原因。一次HTTP操作称为一个事务，其工作过程可分为以下四步：

（1）客户机与服务器需要建立连接，只要单击某个超级链接,HTTP的工作就开始了。

（2）建立连接后，客户机发送一个请求给服务器，请求方式的格式为：统一资源标识符（URL)、协议版本号，后边是MIME信息包括请求修饰符、客户机信息和可能的内容。

（3）服务器接到请求后，给予相应的响应信息，其格式为一个状态行，包括信息的协议版本号、一个成功或错误的代码，后边是MIME信息（包括服务器信息、实体信息和可能的内容)。

（4）客户端接收服务器所返回的信息通过浏览器显示在用户的显示屏上，然后客户机与服务器断开连接。

如果在以上过程中的某一步出现错误，那么产生错误的信息将返回客户端，由显示屏输出。对于用户来说，这些过程是由HTTP自己完成的，用户只要用鼠标点击，等待信息显示就可以了。

许多HTTP通信是由一个用户代理初始化的并且包括一个申请在源服务器上资源的请求发起的，最简单的情况可能是在用户代理和服务器之间通过一个单独的连接来完成。在Internet上，HTTP通信通常发生在TCP/IP连接之上，缺省端口是TCP80，但其他的端口也是可用的。但这并不预示着HTTP协议在Internet或其他网络的其他协议之上才能完成。HTTP只预示着一个可靠的传输。这个过程就好像客户打电话订货一样，客户可以打电话给商家，告诉他需要什么规格的商品，然后商家再告诉客户什么商品有货，什么商品缺货。这些，客户是通过电话线用电话联系(HTTP是通过TCP/IP)，当然也可以通过传真，只要商家那边也有传真。

（二）内部操作过程

在WWW中，“客户”与“服务器”是一个相对的概念，只存在于一个特定的连接期间，即在某个连接中的客户在另一个连接中可能作为服务器。基于HTTP协议的客户/服务器模式的信息交换过程，分四个过程：建立连接、发送请求信息、发送响应信息和关闭连接。这就好像上面的例子，我们电话订货的全过程。

其实简单说就是任何服务器除了包括HTML文件以外，还有一个HTTP驻留程序，用于响应用户请求。你的浏览器是HTTP客户，向服务器发送请求，当浏览器中输入了一个开始文件或点击了一个超级链接时，浏览器就向服务器发送了HTTP请求，此请求被送往由IP地址指定的URL。驻留程序接收到请求，在进行必要的操作后回送所要求的文件在这一过程中，在网络上发送和接收的数据已经被分成一个或多个数据包，每个数据包包括：要传送的数据；控制信息，即告诉网络怎样处理数据包。TCP/IP决定了每个数据包的格式信息被分成用于传输和再重新组合起来的许多小块。

也就是说商家除了拥有商品之外，它也有一个职员在接听客户的电话，当客户打电话的时候，客户的声音转换成各种复杂的数据，通过电话线传输到对方的电话机，对方的电话机又把各种复杂的数据转换成声音，使得对方商家的职员能够明白客户的请求。

四、WWW服务

万维网是一个大规模的、联机式的信息存储技术，它通过“统一资源定位符URL”对网络当中的各种资源做出标识，通过超文本链接协议HTTP实现双方的应用层通信。

当我们想浏览一个网站的时候，只要在浏览器的地址栏里输入网站的地址就可以了，例如“www.baidu.com”，但是在浏览器的地址栏里面出现的却是“http：//www.baidu.com”，就像每家每户都有一个门牌地址一样，每个网页也都有一个Internet地址。当在浏览器的地址框中输入一个URL或是单击一个超级链接时，URL就确定了要浏览的地址。浏览器通过超文本传输协议（HTTP），将Web服务器上站点的网页代码提取出来，并翻译成漂亮的网页。有必要先弄清楚URL的组成，例如“http：//www.baidu.com/china/index.htm”的含义如下：

（1）“http：//”：代表超文本传输协议，通知baidu.com服务器显示Web页，通常不用输入。

（2）“www”：代表一个Web（万维网）服务器。

（3）“baidu.com/”：这是装有网页的服务器的域名，或站点服务器的名称。

（4）“china/”：为该服务器上的子目录，就好像文件夹。

（5）“index.htm”：“index.htm”是文件夹中的一个HTML文件（网页）。

WWW服务也是目前应用最广的一种基本互联网应用，我们每天上网都要用到这种服务。通过WWW服务，只要用鼠标进行本地操作，就可以访问到世界上的任何地方的网络资源。由于WWW服务使用的是超文本链接（HTML），因此可以很方便地从一个信息页转换到另一个信息页。它不仅能查看文字，还可以欣赏图片、音乐、动画。最流行的WWW服务的程序就是微软的IE浏览器，其特点主要表现在：以超文本方式组织网络多媒体信息；用户可以在世界范围内任意查找、检索、浏览及添加信息；提供生动直观、易于使用且统一的图形用户界面；服务器之间可以互相连接；可以访问图像、声音、影像和文本等信息。

在网络安全的学习中，计算机网络基础知识是网络安全学习的基础，只有掌握了最基本的概念，才能把握网络安全的方向，明确网络安全研究的内容，以及网络安全中需要特别注意的问题。

第三章 计算机网络的物理安全技术

第一节 计算机网络物理安全概述

一、计算机网络物理安全的威胁

物理安全又叫实体安全，是保护计算机设备、设施（网络及通信线路）免遭地震、水灾、火灾、有害气体和其他环境事故（如电磁污染等）破坏的措施和过程。实体安全技术主要是指对计算机及网络系统的环境、场地、设备和通信线路等采取的安全技术措施。物理安全技术实施的目的是保护计算机及通信线路免遭水、火、有害气体和其他不利因素（人为失误、犯罪行为）的损坏。

影响计算机网络实体安全的主要因素有：计算机及其网络系统自身存在的脆弱性因素；各种自然灾害导致的安全问题；由于人为的错误操作及各种计算机犯罪导致的安全问题。物理安全应该建立在一个具有层次的防御模型上，即多个物理安全控制器应在一个层次结构中同时起作用。如果某一层被打破了，那么其他层还可以保证物理设备的安全。层次保护次序应该从外到内实现。

物理安全的实现要通过适当的设备构建：火灾和水灾破坏的防范，适当的供暖、通风和空调控制，防盗机制，入侵检测系统和一些不断坚持和加强的安全操作程序。实现这种安全的因素包括良好的、物理的、技术的和管理上的控制机制。

所谓“安全”，包括保护人和硬件。通过提供一个安全的和可以预见的工作环境，安全机制应该能够提高工作效率。它使得员工能够专注于自己手头的工作，那些破坏者也将因为犯罪风险的增大而转向更加容易的目标。

与计算机和信息安全相比，物理安全要考虑一套不同的系统的脆弱性方面的问题。这些脆弱性与物理上的破坏、入侵者、环境因素，或是员工错误地运用了他们的特权并对数据或系统造成了意外的破坏等方面有关。当安全专家谈到“计算机”安全的时候，说的是一个人如何能够通过一个端口或者调制解调器以一种未经授权的方式进入一个计算机网络环境。当谈到“物理”安全的时候，他们考虑的是一个人如何能够物理上进入一个计算机网络环境以及环境因素是如何影响系统的。

物理安全所面临的主要威胁有偷盗、服务中断、物理损坏、对系统完整性的损害，以及未经授权的信息泄露等方面。

(1) 偷盗。物理上的偷盗通常造成计算机或者其他设备的失窃。替换这些被盗设备的费用再加上恢复损失的数据的费用，就决定了失窃所带来的真实损失。在许多时候，企业只会准备一份硬件的清单，它们的价值被加入风险分析中去，以决定如果这个设备被偷盗或是损坏，将带来的巨大的损失。然而，这些设备中保留的信息可能比设备本身更有价值，因此，为了得到一个更加实际和公正的评估，合适的恢复机制和步骤也需要被包括到风险分析当中去。

(2) 服务中断。服务中断包括计算机服务的中断、电力和水源供应的中断，以及无线电通信的中断。我们必须考虑到这些情况，并且必须提供相应的应急措施。这些因素带来了在业务活动持续性和灾难恢复计划方面的一系列问题，同时也带来了物理安全方面所考虑的问题。设想一个计算机网络失去了电力的供应，那么它们的电子安全系统和计算机控制的入侵检测系统都将不起作用。这使得一个入侵者能够轻松地进入。因此，应该考虑到一个备用的发电机或者一套备用的安全机制，而且应该为之准备适当的经费。

(3) 物理损坏。根据对通信服务的依赖程度及可能需要备份的措施来保证冗余性，或者在适当的时候激活备用的通信电路。如果一家公司为一个大的软件制造商提供呼叫中心，那么如果它的电话通信突然中断一段时间，软件制造商的收益就会受到影响。股票经纪人需要通过内部网络、因特网和电话线与许多其他机构保持联系，如果一家股票经纪人公司失去了通信能力，它和它的客户的利益都会受到严重影响。其他的公司可能对通信没有这样大的依赖性，但是我们仍然需要评估它的风险，做出明智的决定，并且需要有替换的装置。

(4) 对系统完整性的损害。计算机服务的中断主要是备份和冗余磁盘阵列（Redundant Arrays of Independent Disks，RAID）保护机制。物理安全更加注重于为计算机网络本身及它们所在环境提供安全保护。物理损害带来的损失的大小取决于维修或更换设备、恢复数据的费用以及造成的服务中断所带来的损失。

(5) 未经授权的信息泄露。物理安全对策同样也为未经授权的信息泄露及系统可用性和完整性提供保护。未经授权的个人有许多方法可以得到信息。网络通信的内容能够被监视，电子信号能够从空间的无线电波中析取出来，计算机硬件和媒质可能被偷盗和修改。在以上所说的这些类型的安全隐患和风险中，物理安全都扮演着重要的角色。

二、计算机网络物理安全的内容

物理安全有环境安全、电源系统安全、设备安全和通信线路安全等。物理安全包括以下主要内容：

(1) 网络机房的场地、环境及各种因素对计算机设备的影响。

(2) 网络机房的安全技术要求。

(3) 计算机的实体访问控制。

(4) 网络设备及场地的防火与防水。

(5) 网络设备的静电防护。

(6) 计算机设备及软件、数据和线路的防盗防破坏措施。

(7) 重要信息的磁介质的处理、存储和处理手续的有关问题。

第二节 计算机网络设备与环境安全

一、计算机网络设备安全

（一）网络硬件系统的冗余

如果在网络系统中有一些后援设备或后备技术等措施，在系统中某个环节出现故障时，这些后援设备或后备技术能够“站出来”承担任务，使系统能够正常运行下去。这些能提高系统可靠性、确保系统正常工作的后援设备或后备技术就是冗余设施。

1. 网络系统冗余

系统冗余就是重复配置系统的一些部件。当系统某些部件发生故障时，冗余配置的其他部件介入并承担故障部件的工作，由此提高系统的可靠性。也就是说，冗余是将相同的功能设计在两个或两个以上设备中，如果一个设备有问题，另外一个设备就会自动承担起正常工作。

冗余就是利用系统的并联模型来提高系统可靠性的一种手段。采用“冗余技术”是实现网络系统容错的主要手段。

冗余主要有工作冗余和后备冗余两大类：工作冗余是一种两个或两个以上的单元并行工作的并联模型，平时由各处单元平均负担工作，因此工作能力有冗余；后备冗余是平时只需一个单元工作，另一个单元是储备的，用于待机备用。

从设备冗余角度看，按照冗余设备在系统中所处的位置，冗余又可分为元件级、部件级和系统级；按照冗余设备的配备程度又可分为 1 ∶ 1 冗余、1 ∶ 2 冗余、1 ∶ n 冗余等。在当前元器件可靠性不断提高的情况下，与其他形式的冗余方式相比，1 ∶ 1 的部件级冗余是一种有效而又相对简单、配置灵活的冗余技术实现方式，如 I/O 卡件冗余、电源冗余、主控制器冗余等。

网络系统大多拥有“容错”能力，容错即允许存在某些错误，尽管系统硬件有故障或程序有错误，仍能正确执行特定算法和提供系统服务。系统的“容错”能力主要是基于冗余技术的。

系统容错可使网络系统在发生故障时，保证系统仍能正常运行，继续完成预定的工作。如在 20 世纪八九十年代风靡全球的 NetWare 操作系统，就提供了三级系统容错技术

（System Fault Tolerance，SFT）。其第二级 SFT 采用了磁盘镜像（两套磁盘）措施，第三级 SFT 采取服务器镜像（配置两套服务器）措施实行“双机热备份”。

2. 网络设备冗余

网络系统的主要设备有网络服务器、核心交换机、供电系统、链接以及网络边界设备（如路由器、防火墙）等。为保证网络系统能正常运行和提供正常的服务，在进行网络设计时要充分考虑主要设备的冗余或部件的冗余。

（1）网络服务器系统冗余。由于服务器是网络系统的核心，因此为了保证系统能够安全、可靠地运行，应采用一些冗余措施，如双机热备份、存储设备冗余、电源冗余和网卡冗余等。

①双机热备份。对数据可靠性要求高的服务（如电子商务、数据库），其服务器应采用双机热备份措施。服务器双机热备份就是设置两台服务器（一个为主服务器，另一个为备份服务器），装有相同的网络操作系统和重要软件，通过网卡连接。当主服务器发生故障时，备份服务器接替主服务器工作，实现主、备服务器之间容错切换。在备份服务器工作期间，用户可对主服务器故障进行修复，并重新恢复系统。

②存储设备冗余。存储设备是数据存储的载体。为了保证存储设备的可靠性和有效性，可在本地或异地设计存储设备冗余。目前数据的存储设备多种多样，根据需要可选择磁盘镜像和 RAID 等。

第一，磁盘镜像。每台服务器都可实现磁盘镜像（配备两块硬盘），这样可保证当其中一块硬盘损坏时另一块硬盘可继续工作，不会影响系统的正常运行。

第二，RAID。RAID 可采用硬件或软件的方法实现。磁盘阵列由磁盘控制器和多个磁盘驱动器组成，由磁盘控制器控制和协调多个磁盘驱动器的读写操作。可以这样来理解，RAID 是一种把多块独立的硬盘（物理硬盘）按不同方式组合起来形成一个硬盘组（逻辑硬盘），从而提供比单个硬盘更高的存储性能和提供数据冗余的技术。组成磁盘阵列的不同方式称为 RAID 级别。在用户看起来，组成的磁盘组就像是一个硬盘，用户可以对它进行分区、格式化等。总之，对磁盘阵列的操作与单个硬盘一样。不同的是，磁盘阵列的存储性能要比单个硬盘高很多，而且在很多 RAID 模式中都有较为完备的相互校检 / 恢复措施，甚至是直接相互的镜像备份，从而大大提高了 RAID 系统的容错度和系统的稳定冗余性。RAID 技术经过不断的发展，现在已拥有了六种级别。不同的 RAID 级别代表着不同的存储性能、数据安全性和存储成本。常用的 RAID 级别有 RAID、RAID1、RAID5 等。

③电源冗余。高端服务器普遍采用双电源系统（服务器电源冗余）。这两个电源是负载均衡的，在系统工作时它们都为系统供电。当其中一个电源出现故障时，另一个电源就会满负荷地承担向服务器供电的工作。此时，系统管理员可以在不关闭系统的前提下更换损坏的电源。有些服务器系统可实现 DC（直流）冗余，有些服务器产品可实现 AC（交流）和 DC 全冗余。

④网卡冗余。网卡冗余技术原为大、中型计算机上使用的技术，现在也逐渐被一般服

务器所采用。网卡冗余是指在服务器上插两块采用自动控制技术控制的网卡。在系统正常工作时，双网卡将自动分摊网络流量，提高系统通信带宽；当某块网卡或网卡通道出现故障时，服务器的全部通信工作将会自动切换到无故障的网卡或通道上。因此，网卡冗余技术可保证在网络通道或网卡故障时不影响系统的正常运行。

(2) 核心交换机冗余。核心交换机在网络运行和服务中占有非常重要的地位，在冗余设计时要充分考虑该设备及其部件的冗余，以保证网络的可靠性。

核心交换机中电源模块的故障率相对较高，为了保证核心交换机的正常运行，一般考虑在核心交换机上增配一块电源模块，实现该部件的冗余。为了保证核心交换机的可靠运行，可在本地机房配备双核心交换机或在异地配备双核心交换机，通过链路的冗余实行核心交换设备的冗余。同时针对网络的应用和扩展需要，还须在网络的各类光电接口以及插槽数上考虑有充分的冗余。

(3) 供电系统冗余。电源是整个网络系统得以正常工作的动力源，一旦电源发生故障，往往会使整个系统的工作中断，从而造成严重后果。因此，采用冗余的供电系统备份方案，保持稳定的电力供应是必要的，因为供电系统的安全可靠是保证网络系统可靠运行的关键。

通常城市供电相对比较稳定，如果停电也是区域性停电，且停电时间不会很长，因此可考虑使用不间断电源（Uninterruptible Power System，UPS）作为备份电源，即采用市电＋UPS 后备电池相结合的冗余供电方式。正常情况下，市电通过 UPS 稳频稳压后，给网络设备供电，保证设备的电能质量。当市电停电时，网络操作系统提供的 UPS 监控功能，在线监控电源的变化，当监测到电源故障或电压不稳时，系统会自动切换到 UPS 给网络系统供电，使网络正常运行，从而保证系统工作的可靠性和网络数据的完整性。

(4) 链接冗余。为避免由于某个端口、某台交换机或某块网卡的损坏导致网络链路中断，可采用网络链路冗余措施，每台服务器同时连接到两台网络设备，每条骨干链路都应有备份线路（冗余链路）。

(5) 网络边界设备冗余。对于比较重要的网络系统或重要的服务系统，对路由器和防火墙等网络边界设备的可靠性要求也非常高，一旦该类设备出现故障则影响内部网和外部网的互联。因此，在必要时可对部分网络边界设备进行冗余设计。

（二）路由器安全

路由器是网络的神经中枢，是众多网络设备的重要一员，它担负着网间互联、路由走向、协议配置和网络安全等重任，是信息出入网络的必经之路。广域网就是靠一个个路由器连接起来组成的，局域网中也已经普遍应用到了路由器，在很多企事业单位，已经用路由器来接入网络进行数据通信，可以说，路由器现在已经成为大众化的网络设备了。

路由器在网络的应用和安全方面具有极重要的地位。随着路由器应用的广泛普及，它的安全性也成为一个热门话题。路由器的安全与否，直接关系到网络是否安全。

l. 路由协议和访问控制

路由器是网络互联的关键设备，其主要工作是为经过路由器的多个分组寻找一个最佳的传输路径，并将分组有效地传输到目的地。路由选择是根据一定的原则和算法在多节点的通信子网中选择一条从源节点到目的节点的最佳路径。当然，最佳路径是相对于几条路径中较好的路径而言的，一般是选择时延长、路径短、中间节点少的路径作为最佳路径。通过路由选择，可使网络中的信息流量得到合理的分配，从而减轻拥挤，提高传输效率。

（1）路由选择与协议。路由算法包括静态路由算法和动态路由算法。静态路由算法很难算得上是算法，只不过是开始路由前由网管建立的映射表。这些映射关系是固定不变的。使用静态路由的算法较容易设计，在简单的网络中使用比较方便。由于静态路由算法不能对网络改变做出反应，因此其不适用于现在的大型、易变的网络。动态路由算法根据分析收到的路由更新信息来适应网络环境的改变。如果分析到网络发生了变化，路由算法软件就重新计算路由并发出新的路由更新信息，这样就会促使路由器重新计算并对路由表做相应的改变。

在路由器上利用路由选择协议主动交换路由信息，建立路由表并根据路由表转发分组。通过路由选择协议，路由器可动态适应网络结构的变化，并找到到达目的网络的最佳路径。静态路由算法在网络业务量或拓扑结构变化不大的情况下，才能获得较好的网络性能。在现代网络中，广泛采用的是动态路由算法。在动态路由选择算法中，分布式路由选择算法是很优秀的，并且得到了广泛的应用。在该类算法中，最常用的是距离向量路由选择算法和链路状态路由选择算法。前者经过改进，成为目前应用广泛的路由信息协议，后者则发展成为开放式最短路径优先协议。

（2）访问控制列表（Access Contro List，ACL）。它是CiscoIOS所提供的一种访问控制技术，初期仅在路由器上应用，近些年来已经扩展到三层交换机，部分最新的二层交换机也开始提供ACL支持。在其他厂商的路由器或多层交换机上也提供类似技术，但名称和配置方式可能会有细微的差别。

ACL技术在路由器中被广泛采用，它是一种基于包过滤的流控制技术。ACL在路由器上读取第三层及第四层包头中的信息（如源地址、目的地址、源端口、目的端口等），根据预先定义好的规则对包进行过滤，从而达到访问控制的目的。ACL增加了在路由器接口上过滤数据包出入的灵活性，可以帮助管理员限制网络流量，也可以控制用户和设备对网络的使用。它根据网络中每个数据包所包含的信息内容决定是否允许该信息包通过接口。

ACL有标准ACL和扩展ACL两种。标准ACL把源地址、目的地址及端口号作为数据包检查的基本元素，并规定符合条件的数据包是否允许通过，其使用的局限性大，其序列号是1～99。扩展ACL能够检查可被路由的数据包的源地址和目的地址，同时还可以检查指定的协议、端口号和其他参数，具有配置灵活、控制精确的特点，其序列号是100～199。这两种类型的ACL都可以基于序列号和命名进行配置。最好使用命名方法配置ACL，这样对以后的修改是很方便的。配置ACL要注意两点：一是ACL只能过滤流经路由器的流量，对路由器自身发出的数据包不起作用；二是一个ACL中至少有一条允许语句。

ACL的主要作用就是一方面保护网络资源，阻止非法用户对资源的访问；另一方面限制特定用户所能具备的访问权限。它通常应用在企业内部网的出口控制上，通过实施ACL，可以有效地部署企业内部网的出口策略。随着企业内部网资源的增加，一些企业已开始使用ACL来控制对企业内部网资源的访问，进而保障这些资源的安全性。

(3) 路由器安全。

①用户口令安全。路由器有普通用户和特权用户之分，口令级别有十多种。如果使用明码在浏览或修改配置时容易被其他无关人员窥视到。可在全局配置模式下使用service password-encryption命令进行配置，该命令可将明文密码变为密文密码，从而保证用户口令的安全。该命令具有不可逆性，即它可将明文密码变为密文密码，但不能将密文密码变为明文密码。

②配置登录安全。路由器的配置一般有控制口配置、Telnet配置和SNMP配置三种方法。控制口配置主要用于初始配置，使用中英文终端或Windows的超级终端；Telnet配置方法一般用于远程配置，但由于Telnet是明文传输的，很可能被非法窃取而泄露路由器的特权密码，从而会影响安全；SNMP的配置则比较麻烦，故使用较少。

为了保证使用Telnet配置路由器的安全，网络管理员可以采用相应的技术措施，仅让路由器管理员的工作站登录而不让其他机器登录到路由器，可以保证路由器配置的安全。

③路由器访问控制安全策略。在利用路由器进行访问控制时可考虑如下安全策略：

第一，严格控制可以访问路由器的管理员；对路由器的任何一次维护都需要记录备案，要有完备的路由器的安全访问和维护记录日志。

第二，不要远程访问路由器。若需要远程访问路由器，则应使用访问控制列表和高强度的密码控制。

第三，严格地为IOS做安全备份，及时升级和修补IOS软件，并迅速为IOS安装补丁。

第四，为路由器的配置文件做安全备份。

第五，为路由器配备UPS设备，或者至少要有冗余电源。

2.VRRP

虚拟路由器冗余协议（Virtual Router Redundancy Protocol，VRRP）是一种选择性协议，它可以把一个虚拟路由器的责任动态分配到局域网上VRRP路由器。控制虚拟路由器IP地址的VRRP路由器称为主路由器，它负责转发数据包到虚拟IP地址上。一旦主路由器不可用，这种选择过程就会提供动态的故障转移机制，这就允许虚拟路由器的IP地址可以作为终端主机的默认第一跳路由器。使用VRRP的优点是有更高默认路径的可用性而无须在每个终端主机上配置动态路由或路由发现协议。

使用VRRP可以通过手动或动态主机配置协议（Dynamic Host Configuration Protocol，DHCP）服务器设定一个虚拟IP地址作为默认路由器。虚拟IP地址在路由器间共享，其中一个指定为主路由器，而其他的则为备份路由器。如果主路由器不可用，这个虚拟 IP 地址就会映射到一个备份路由器的 IP 地址（该备份路由器就成了主路由器）。

通常，一个网络内的所有主机都设置一条默认路由，这样主机发出的目的地址不在本网段的报文将被通过默认路由发往路由器 RouterA，从而实现主机与外部网络的通信。当路由器 RouterA 故障时，本网段内所有以 RouterA 为默认路由下一跳的主机将断掉与外部的通信。

VRRP 是一种容错协议，它是为解决上述问题而提出的。VRRP 将局域网的一组路由器（包括一个 Master 路由器和若干个 Backup 路由器）组织成一个虚拟路由器，称为一个备份组。该虚拟路由器拥有自己的 IP 地址 10.100.10.1（该 IP 地址可以和备份组内的某路由器接口地址相同），备份组内的路由器也有自己的 IP 地址（如 Master 路由器的 IP 地址为 10.100.10.2，Backup 路由器的 IP 地址为 10.100.10.3）。局域网内的主机仅仅知道这个虚拟路由器的 IP 地址 10.100.10.1，而不知道 Master 路由器的 IP 地址和 Backup 路由器的 IP 地址，它们将自己的默认路由下一跳地址设置为该虚拟路由器的 IP 地址 10.100.10.1。于是，网络内的主机就通过该虚拟路由器与其他网络进行通信。如果备份组内的 Master 路由器出现故障，Backup 路由器将会通过选举策略选出一个新的 Master 路由器，继续向网络内的主机提供路由服务，从而实现网络内的主机不间断地与外部网络进行通信。

在 VRRP 路由器组中，按优先级选举主控路由器，VRRP 协议中的优先级范围是 0 ～255。若 VRRP 路由器的 IP 地址和虚拟路由器的接口 IP 地址相同，则称该虚拟路由器为 VRRP 组中的 IP 地址所有者，IP 地址所有者自动具有最高优先级（255）。优先级的配置原则可以依据链路速度和成本、路由器性能和可靠性以及其他管理策略设定。在主控路由器选举中，高优先级的虚拟路由器将获胜，因此，如果在 VRRP 组中有 IP 地址所有者，则它总是作为主控路由的角色出现。对于相同优先级的候选路由器，则按照 IP 地址的大小顺序选举。为了保证 VRRP 协议的安全性，提供了明文认证和 IP 头认证两种安全认证措施。明文认证要求在加入一个 VRRP 路由器组时，必须同时提供相同的 VRID 和明文密码。IP 头认证提供了更高的安全性，能够防止报文重放和修改等攻击。

VRRP 的工作机理与 Cisco 公司的热备份路由器协议（Hot Standby Routing Protocol，HSRP）有许多相似之处。但二者之间的主要区别是在 Cisco 的 HSRP 中，需要单独配置一个 IP 地址作为虚拟路由器对外体现的地址，这个地址不能是组中任何一个成员的接口地址。

使用 VRRP，不用改造目前的网络结构，从而最大限度地保护了当前投资，只需最少的管理费用，却大大提升了网络性能，具有重大的应用价值。

二、计算机网络环境安全

计算机网络必须保护的环境包括所有的人员、设备、数据、通信设施、电力供应设施和电缆。而必要的保护级别则取决于这些设备中的数据、计算机设备和网络设备的价值。这些东西的价值可以用一种叫“关键路径分析”的方法得到。在这种方法中，基础设施中的每一项及保持这些设施得以正常工作的项目都被列出来，这项分析同时也勾画出数据在网络中传输时通过的路径。数据可能从远程用户传送到服务器，从服务器传送到工作站，从工作站传送到大型机，或是从大型机传送到大型机，等等。对这些路径及可能造成其中断的威胁的了解有着十分重要的意义。

关键路径分析需要列举出环境中所有的元素及它们之间的相互作用和相互依赖关系。我们需要用图来表示设备、它们的位置以及和整个设施的关联。这种图应该包括电力、数据、供水和下水道管线。为了提供一个完整的描述和便于理解，空调器、发电机和暴雨排水沟有时也应该包括在关键路径图中。

关键路径被定义为对业务功能起关键作用的路径。它应该被详细地显示出来，包括其中的所有的支持机制。冗余的路径也应该被显示出来，而且对每一条关键路径，都至少有一条冗余路径与之对应。

过去，计算机房中配备专人进行适当的操作和维护通常是十分必要的。现在，计算机房中的服务器、路由器、桥接器、主机和其他设备都是被远程控制的，这样计算机就可以放在不被许多人打扰的地方。因为不再有员工长时间地坐在计算机房中工作，这些房间的建造就应该更多地考虑到如何适合设备的运转而不是人的工作。

（一）网络机房安全防护

网络机房通常不必要为人提供操作的方便和舒适，它们变得越来越小，可能也不再需要安装昂贵的灭火系统。在过去，灭火系统是保护工作在计算机房内员工的常用方式，这样的系统的安装和维护费用都很高。当然灭火系统还是需要的，但是由于这些区域内人的生命不再是考虑的主要因素，于是可以使用其他类型的灭火系统。为了节省空间，小一些的系统应该被垂直堆叠。它们应该安放在架子上，或者放置在设备柜中。配线应该紧密围绕设备进行，这样可以节省电缆的成本并且不容易引起混淆。这些区域的位置应该在建筑物的核心区域，并靠近配线中心。保证只有一个进入的通道是十分必要的，还要保证没有直接进入其他非安全区域的通道。从一些公共的区域，如楼梯、走廊和休息室不能进入这些安全区域。这样就可以保证，当一个人站在通向安全区域的门前的时候，和他站在通向休息室或者一些聊天或喝咖啡的地方的路上的时候有着明显不同的感受。

另外，需要估计和计算网络机房的墙壁、地板、天花板的负载（也就是它们能够承载的重量），以保证在不同的情况下这座建筑物都不会倒塌。这些墙壁、天花板和地板一定要包含有必要的材料，以提供必要的防火级别。有时候对水的防护也一样的重要。根据窗户的布置和建筑内容纳的东西，内部和外部的窗户可能需要提供对紫外线的防护，可能需要是防碎的，或是半透明的或不透明的。内部和外部的门可能需要开关是单向的、防止强行进入，需要有紧急出口（和标志），根据布置，可能还需要监视和附加的报警装置。在大多数建筑中，使用加高的地板来隐藏电线和管线，但是相应地，这种地板必须有电气接地措施，因为它们被提高了。

建筑规范能够调整以上的所有因素并使之达到要求，但是每一项中仍然有一定的选择余地，正确的选择应该能够完全满足公司安全方面的机能，同时是经济的。

（二）火灾的安全防护

有关火灾的预防、探测和排除方面有国家的和地方的标准需要满足。在火灾的预防方面，我们需要训练员工在遇到火灾时如何做出适当的反应，提供正确的灭火器具并保证它们能够正常地工作，确保附近有容易得到的水源，以适当的方式存放易燃易爆的物品。

火灾探测系统有许多种形式，可以在许多建筑物的墙上看到红色的手动推拉报警装置。拥有传感器的自动探测装置，在探测到火灾的时候会做出反应。这种自动系统可能是一个自动喷淋系统或者一个 Halon 释放系统。自动喷淋系统被广泛地使用，在保护建筑物和里面的设施方面很有效果。在决定安装哪种灭火系统时，需要对许多因素做出评估，包括对火灾的可能发生率的估计，对火灾可能造成损害的估计。另外，应对系统的类型本身做出评估。

火灾的防护包括早期的烟雾探测，以及关闭系统直到热源消失为止，这样才不会发生燃烧现象。如有必要，应设置一个装置来关闭整个系统。首先应该给出一个警告的声音信号，还应提供一个重置按钮，以便在问题得到控制和危险已经排除的情况下能够停止自动系统的工作。火灾的防范要贯彻预防为主、防消结合的方针。平时加强防范，清除一切火灾隐患，一旦失火，则要临危不乱，积极扑救，灾后做好弥补恢复，减少损失。

1. 火灾的预防

（1）机房应当严格选址和设计施工，保证符合消防要求。机房的设计应当按照国家工程建筑消防技术标准进行设计和施工，竣工时，必须经消防机构进行消防验收。建筑构件和建筑材料的防火性能必须符合国家标准或者行业标准。室内装修、装饰根据国家工程建筑消防技术标准的规定，应当使用不燃、难燃材料，必须选用依照产品质量法的规定确定的检验机构检验合格的材料。

（2）建立消防安全责任制。制定消防安全制度、消防安全操作规程；实行防火安全责任制，确定本单位和所属各部门、岗位的消防安全责任人；“消防安全负责人依照消防法的要求明确各级消防管理岗位的职责并逐级签订消防安全责任书，确保安全体系合理、岗位责任明确”。[①] 针对本单位的特点对职工进行消防宣传教育；组织防火检查，及时消除火灾隐患；按照国家有关规定配置消防设施和器材、设置消防安全标志，并定期组织检验、维修，确保消防设施和器材完好、有效；保障疏散通道、安全出口畅通，并设置符合国家规定的消防安全疏散标志。

（3）机房严禁烟火。严禁在机房吸烟。不得在机房内使用电炉取暖。严禁机房和生活用房混用及在机房内住宿、烤火、做饭。进行电焊、气焊等具有火灾危险的作业的人员

① 肖鑫.数据中心机房火灾预防及风险控制[J].电子技术与软件工程，2019（20）：191.

和自动消防系统的操作人员，必须持证上岗，并严格遵守消防安全操作规程。

(4) 网络电器设备质量与配电的安全。网络电器设备质量必须符合国家标准或者行业标准。电器产品的安装、使用和线路设计、铺设，必须符合国家有关消防安全技术规定。配电设备应当留有相当宽裕的容量。

2. 火灾的扑救

(1) 发现火灾时应当立即切断电源，并立即报警。

(2) 应当用手提式干粉或“1211”灭火器扑灭电气火灾，严禁使用水或泡沫灭火器。

(3) 抢救设备器材，严密保护秘密数据文件介质。

(4) 火灾扑灭后，应当保护好现场，接受事故调查，如实提供火灾失事的情况。

（三）水患的防范

(1) 为了防备漏雨或暖气漏水浸湿机器设备，机房不宜设在楼房的顶层或底层。考虑到接地和光缆出线的方便，一般以二三层为宜。

(2) 雨季来临前应当对机房门窗的防雨进行检查。

（四）空气通风

空气通风方面必须达到以下要求才能够提供一个安全而舒适的环境：为了保证空气的质量，必须安装一个环路空气再循环调节系统。为了控制污染，必须采用正向的加压和通风措施。正向加压的意思就是说，当员工打开房间的门的时候，空气从里面流向外面，而外面的空气不能够进入。设想如果一处建筑失火，在人们疏散的时候显然希望烟能够向门外扩散而不是向门里面扩散。

我们需要了解污染物是如何进入环境中来的，它们可能造成的损害，以及保证设备免受危险物质或超标的污染物损害的应对措施。通过空气传播的物质及颗粒物的浓度必须被跟踪监视，以防止它们的浓度太高。灰尘可能会阻塞用来冷却设备的电扇，这样就会影响设备的正常工作。如果空气中含有的某种气体的浓度超过一定水平，就会加速设备的腐蚀，或是给它们的运转带来问题，甚至使一些电子器件停止运行。尽管大多数的磁盘驱动器都是密封的，但是其他的一些存储介质还是会受到空气中污染物的影响。空气清洁设备和通风装置可以用来处理这些问题。

第三节　计算机网络的供电系统安全

一、静电的防护

（一）静电对网络设备的影响

计算机房的防静电技术，是属于机房安全防护范畴的一部分。出于种种原因而产生的静电，是发生最频繁、最难消除的危害之一。“机房内大多数计算机、设备和装置都是24小时不间断运行，在超负荷运转状态下，计算机主机会遇到‘静电现象’，灰尘大、温度高等环境问题造成计算机散热差、性能下降、故障频发。”[①] 静电不仅会让计算机运行出现随机故障，而且还会导致某些元器件，如CMOS电路、MOS电路、双级性电路等的击穿和毁坏。此外，静电还会影响操作人员和维护人员的正常的工作和身心健康。计算机在国民经济各个领域，诸如气象预测预报、航空管理、铁路运输、邮电业务、微波通信、证券营运、财政金融、人造卫星、导弹发射等方面的应用日益普及和深入，这些领域都是与国民经济息息相关的，一旦计算机系统在运行中发生故障，特别是重大的故障会给国民经济带来巨大的损失，造成的政治影响更不容忽视。

静电引起的问题不仅硬件人员很难查出，有时还会使软件人员误认为是软件故障，从而造成工作失误。此外，静电通过人体对计算机或其他设备放电时（所谓的打火），当能量达到一定程度，也会给人以触电的感觉，造成操作系统的维护人员的精神刺激，影响工作效率。如何防止静电的危害，不仅涉及计算机的设计，而且与计算机房的结构和环境条件有很大的关系。

静电对计算机的影响，主要体现在静电对半导体器件的影响上。可见，半导体器件对静电的敏感，也就是计算机对静电的敏感。随着计算机工业的发展，组成电子计算机的主要元件——半导体器件也得到了迅速的发展。由于半导体器件的高密度、高增益，又促进了电子计算机的高速度、高密度、大容量和小型化。与此同时，也导致了半导体器件本身对静电的反应越来越敏感。静电对电子计算机的影响表现为两种类型：一种是元件损害，另一种是引起计算机误动作或运算错误。

元件损害主要是计算机的中、大规模集成电路，对双极性电路也有一定的影响。对于早期的MOS电路，当静电带电体（通常静电电压很高）触及MOS电路管脚时，静电带电体对其放电，使MOS电路击穿。

① 李玲.计算机机房安全管理存在的问题与措施[J].信息与电脑（理论版），2019，31（22）：172.

近年来，由于MOS电路的密度高、速度快、价格低，因而得到了广泛的应用和发展。目前大多数MOS电路都具有端接保护电路，提高了抗静电的保护能力。尽管如此，在使用时，特别是在维修和更换时，同样要注意静电的影响，过高的静电电压依然会使MOS电路击穿。静电引起的误动作或运算错误，是由静电带电体触及计算机时，对计算机放电，有可能使计算机逻辑元件输入错误信号，引起计算机出错，严重时还会使送入计算机的计算程序紊乱。此外，静电对计算机的外部设备也有明显的影响。带阴极射线管的显示设备，当受到静电干扰时，会引起图像紊乱，模糊不清。静电还会造成Modem、网卡、Fax等工作失常，打印机的走纸不顺等故障。

（二）静电危害的防护措施

(1) 铺设防静电地板。在建设和管理计算机房时，分析静电对计算机的影响，研究其故障特性，找出产生静电的根源，制定减少以至消除静电的措施，始终是一个重要课题。其中，铺设防静电地板是主要措施之一。

(2) 不穿着会引起静电的衣物。机房工作人员的衣服鞋袜不要使用化纤或塑料等容易摩擦产生静电的材料的制成品。

(3) 拆装检修机器时戴上防静电手环。工作人员在拆装和检修机器时，为防止静电和人体在交流电场里的感应电位对计算机的影响，应当在手腕上戴上防静电手环，该手环通过柔软的导线良好接地。无关人员应当限制进入现场，以避免静电危害的发生。

二、电源的防护

电源可能出现的问题主要有三种方法进行防范：UPS、电力线调节器和备用电源。UPS使用电池来供电，电池的大小和容量不等。UPS分为在线和离线两种。在线系统使用交流线电压来为UPS的电池组充电，在使用时，UPS用一个逆变器将电池的直流输出转变为交流，并将电压调整为计算机工作时所需要的大小。

离线UPS在正常情况下不工作，直到电源被切断。这种系统拥有可以探测到断电的传感器，这时负载就自动切换为由电池供电。如果电力供应中断的时间超过了UPS电源的持续时间，就需要备用的电源了。备用的电源可以是从另一个变电站或是另一个发电机接过来的电力线，用来为系统供电或是为UPS的电池系统充电。并且有一些关键的系统需要免受电力供应中断的干扰，需要将这些设备挑选出来，并且应该弄清楚备用电源需要坚持多长时间及每个设备需要的电量。一些UPS提供的电量仅够系统完成一些后续工作，然后正常地关闭，有的提供的电量够系统继续运行很长一段时间。需要确定在停电的时候，UPS系统是应该为系统正常关闭提供电源，还是应该使得系统继续运行以提供一些必要的服务。

三、雷击的防护

（一）雷击防护的原则

从电磁兼容的观点来看，防雷保护由外到内应划分多级保护区。最外层为0级，是直接雷击区域，危险性最高，主要是由外部(建筑)防雷系统保护，越往里则危险程度越低。保护区的界面划分主要通过防雷系统、钢筋混凝土及金属管道等构成的屏蔽层而形成，从0级保护区到最内层保护区，必须实行分层多级保护，从而将过电压降到设备能承受的水平。一般而言，雷电流经传统避雷装置后约有50%是直接泄入大地，还有50%将平均流入各电气通道（如电源线、信号线和金属管道等)。

总的防雷原则是：将绝大部分雷电流直接引入地下泄散（外部保护）；阻塞沿电源线或数据、信号线引入的过电压波（内部保护及过电压保护）；限制被保护设备上浪涌过压幅值（过电压保护)。这三道防线，相互配合，各行其责，缺一不可。

为了彻底消除雷电引起的毁坏性的电位差，就特别需要实行等电位连接，目的是减少需要防雷的空间各金属部件和各系统之间的电位差，电源线、信号线、金属管道、接地线都要通过过压保护器进行等电位连接，各个内层保护区的界面处同样要依此进行局部等电位连接，各个局部等电位连接棒相互连接，并最后与主等电位联接棒相连。电位均衡连接，就是使用导电性良好的导体连接，使它们达到电位相等，为雷电流提供低阻抗通道，以使它迅速泄流入地。

随着计算机通信设备的大规模使用，雷电以及操作瞬间过电压造成的危害越来越严重，以往的防护体系已不能满足电脑通信网络安全的要求。应从单纯一维防护（避雷针引雷入地即无源防护）转为三维防护（有源和无源防护)，包括防直击雷，防感应雷电波侵入，防雷电电磁感应，防地电位反击以及操作瞬间过电压影响等多方面做系统综合考虑。

（二）雷击防护的措施

雷击防范的主要措施是，根据电气、微电子设备的不同功能及不同受保护程序和所属保护层确定防护要点做分类保护；根据雷电和操作瞬间过电压危害的可能通道从电源线到数据通信线路都应做多级层保护。

1.外部无源保护

在0级保护区即外部做无源保护，主要有避雷针（网、线、带）和接地装置（接地线、地网)。其保护原理为当雷云放电接近地面时，它使地面电场发生畸变。在避雷针（线）顶部，形成局部电场强度畸变，以影响雷电先导放电的发展方向，引导雷电向避雷针（线）放电，再通过接地引下线，接地装置将雷电流引入大地，从而使被保护物免受雷击，这是人们长期实践证明的有效的防直击雷的方法。然而，以往一般认为用避雷针架空得越高越好（一般只按45°考虑)，且使用被动放电式避雷针，其反应速度差，保护的范围小以及导通量小。根据现代化发展的要求，避雷针应选择提前放电主动式的防雷装置，并且应该从 30°、45°、60°等不同角度考虑安装，以做到对各种雷击的防护，增大保护范围以及增加导通量。建筑物的所有外露金属构件（管道），都应与防雷网（带、线）良好连接。

2. 内部防护

第一，电源部分防护。雷电侵害主要是通过线路侵入。高压部分电力局有专用高压避雷装置，电力传输线把对地的电力限制到小于 6000V（IEEEE C62.41），而线对线则无法控制。所以，对 380V 低压线路应进行过电压保护，按国家规范应为三部分：在高压变压器后端到楼宇总配电盘间的电缆内芯线两端应对地加避雷器，做一级保护；在楼宇总配电盘至楼层配电箱间的电缆内芯线两端应对地加装避雷器，做二级保护；在所有重要的、精密的设备以及 UPS 的前端应对地加装避雷器，作为三级保护。目的是用分流（限幅）技术即采用高吸收能量的分流设备（避雷器）将雷电过电压（脉冲）能量分流导入大地，达到保护目的，所以分流（限幅）技术中采用防护器的品质、性能的好坏是直接关系网络防护的关键，因此选择合格优良的避雷器至关重要。

第二，信号部分保护。对于信息系统，应分为粗保护和精细保护。粗保护量级根据所属保护区的级别确定，精细保护要根据电子设备的敏感度来进行确定，其主要考虑的如卫星接收系统、电话系统、网络专线系统、监控系统等。建议在所有信息系统进入楼宇的电缆内芯线端应对地加装避雷器，电缆中的空线对应接地，并做好屏蔽接地，其中应注意系统设备的在线电压、传输速率、按口类型等，以确保系统正常工作。

3. 接地处理

在计算机机房的建设中，一定要有一个良好的接地系统，因所有防雷系统都需要通过接地系统把雷电流导入大地，从而保护设备和人身安全。如果机房接地系统做得不好，不但会引起设备故障，烧坏元器件，严重的还将危害工作人员的生命安全。另外，还有防干扰的屏蔽问题，防静电的问题都需要通过建立良好的接地系统来解决。

一般整个建筑物的接地系统有建筑物地网（与法拉第网相接）、电源地（要求地阻小于 10Ω）、逻辑地（也称信号地）、防雷地等，有的公司（如 IBM）要求另设专用独立地，要求地阻小于 4Ω（根据实际情况可能也会要求小于 1Ω）。然而，各地必须独立，如果相互之间距离达不到规范要求的话，则容易出现地电位反击事故，因此各接地系统之间的距离达不到规范的要求时，应尽可能连接在一起，如实际情况不允许直接连接的，可通过地电位均衡器实现等电位连接。为确保系统正常工作，应每年定期用精密地阻仪检测地阻值。接地装置由接地极及一些附件、辅助材料组成。

第四节 计算机网络服务器与客户机安全

一、计算机网络的服务器安全

（一）网络服务器

网络服务器（硬件）是一种高性能计算机，再配以相应的服务器软件系统（如操作系统）就构成了网络服务器系统。网络服务器系统的数据存储和处理能力均很强，是网络系统的灵魂。在基于服务器的网络中，网络服务器担负着向客户机提供信息数据、网络存储、科学计算和打印等共享资源和服务，并负责协调管理这些资源。由于网络服务器要同时为网络上所有的用户服务，因此，要求网络服务器具有高可靠性、高吞吐能力、大内存容量和较快的处理速度等性能。

根据网络的应用和规模，网络服务器可选用高档微机、工作站、PC 服务器、小型机、中型机和大型机等担任。按照服务器用途，服务器可分为文件服务器、数据库服务器、Internet/Intranet 通用服务器、应用服务器等。

因特网上的应用服务器又有 DHCP 服务器、Web 服务器、FTP 服务器、DNS 服务器和 STMP 服务器等。上述服务器主要用于完成一般网络和因特网上的不同功能。应用服务器用于在通用服务器平台上安装相应的应用服务软件并实现特定的功能，如数据中间件服务器、流式媒体点播服务器、电视会议服务器和打印服务器等。

（二）服务器的安全

（1）对服务器进行安全设置（包括 IIS 的相关设置、因特网各服务器的安全设置、Mysql 安全设置等），提高服务器应用的安全性。

（2）进行日常的安全检测（包括查看服务器状态、检查当前进程情况、检查系统账号、查看当前端口开放情况、检查系统服务、查看相关日志、检查系统文件、检查安全策略是否更改、检查目录权限、检查启动项等），以保证服务器正常、可靠地工作。

（3）加强服务器的日常管理（包括服务器的定时重启、安全和性能检查、数据备份、监控、相关日志操作、补丁修补和应用程序更新、隐患检查和定期的管理密码更改等）。

（4）采取安全的访问控制措施，保证服务器访问的安全性。

（5）禁用不必要的服务，提高安全性和系统效率。

（6）修改注册表，使系统更强壮（包括隐藏重要文件 / 目录，修改注册表实现完全隐藏、启动系统自带的Internet连接防火墙、防止SYN洪水攻击、禁止响应ICMP路由通告报文、防止ICMP重定向报文攻击、修改终端服务端口、禁止IPC和建立空连接、更改TTL值、删除默认共享等)。

(7) 正确划分文件系统格式，选择稳定的操作系统安装盘。

(8) 正确设置磁盘的安全性(包括系统盘权限设置、网站及虚拟机权限设置、数据备份盘和其他方面的权限设置)。

二、计算机网络的客户机安全

在企业、单位的内部网络中，除了一些提供网络服务的服务器外，应用更多的是客户机。网络管理人员可以考虑制定标准的客户机安全政策，利用一些安全设定与保护机制来管理这些有潜在风险的客户机系统。

客户机是对企业网络进行内部攻击的最常见的攻击源头，其对系统安全管理员的工作构成了挑战：一是因为网络中客户机的数量很多；二是因为许多用户没有接受过网络安全教育，或不关心网络安全问题。虽然阻止外部对网络内部客户机的访问相对容易，但要防止内部的攻击却困难得多。

(一) 客户机的安全策略

网络安全管理员为客户机制定合理的、切实可行的安全策略，利用相关的安全产品，提高客户机的安全性是非常必要的。

1. 客户机的系统安全

(1) 下载安装软件开发厂商提供的补丁程序，并执行修补作业。

(2) 安装防毒软件并定期更新病毒码。

(3) 定期执行文件和数据的备份。

(4) 关闭或移除不必要的应用程序。

(5) 合理使用客户机管理程序。

(6) 不随意下载或执行来源不明的文档或程序。

2. 客户机的安全设定

(1) 设定使用者授权机制。在企业、单位内部网络环境里，可以明确唯有授权的使用者方可使用内部网的客户机。另外，使用者可以启动密码锁定来限制非授权人的使用，以保护客户机中所存放的数据。

(2) 设定访问控制权限。对于客户机中机密或重要的文档/目录进行权限控制，非授权人无法读取重要的文件或利用密码保护功能进行控制。

（二）客户机的安全防护

1. 对身份认证风险进行防护

从操作系统安全方面来看，身份认证是最先考虑的环节，获得一个用户的身份就掌握了所登录计算机的所有资源，同时也很容易获得各应用系统的使用权限，因此身份认证方式的安全有效是非常重要的。目前，从技术上看身份认证主要有用户名、复杂口令、电子密钥＋ PIN 码和人体生理特征识别三种方式。

通常情况下，主机采用用户名和设置复杂口令的身份认证方式。该方式一般要求的口令位数为 12 位或更多，由字母、数字、特殊符号混合组成，并定期更换。但这种方式的缺点是系统的口令容易被破解，且终端用户在口令更换周期、口令复杂性等方面很难严格执行，日常管理难度较大。对于 Windows10 客户机操作系统，可以使用组策略管理方法，由网络管理员直接配置系统密码策略和账户锁定策略，对密码长度、更换周期、锁定时长和无效登录阈值等进行具体限制。

电子密钥和 PIN 码的身份认证方式是在电子密钥中存入数字证书等身份识别文件，定期更换 PIN 值（类似动态口令卡），PIN 值一般设为 6 位或更多，用户只有在同时拥有电子密钥和知道 PIN 值的情况下才能登录系统。数字证书是目前在网上银行、政府部门等应用比较广泛的技术手段，其安全性优于用户名＋复杂口令方式。数字证书身份认证方式需要购买相应的软硬件产品。

以个人生理特征进行验证时，可有多种技术为验证机制提供支持，如指纹识别、声音识别、血型识别、视网膜识别等。个人生理特征识别方法的安全性最好，但验证系统也最复杂。指纹识别是常用于客户机的生理特征识别方法。指纹识别技术基于人体生理特征，安全性相对较高，但缺点是成本高，每台客户机均要安装指纹传感器及相应软件。对于非常重要的客户机可以采取生理特征识别＋复杂口令的技术措施来保证安全。

2. 对信息泄露风险进行防护

根据网络模式、安全保密需求等具体情况的不同，用户权限的管理在各应用场合的要求也不同。在安全保密要求较高的部门，客户机的 I/O 端口应该是受到控制的。通常可利用相关安全产品对客户机的光驱、USB 口、COM 口、LPT 口以及打印机（本地打印机和网络打印机）等 I/O 端口进行使用权限控制。同时出于安全性和保护内部机密的需要，要求相关安全产品提供审计功能以加强对内部网络中客户机的监控和管理。就审计功能而言，可以有如下审计内容：

（1）审计客户机的身份认证内容，如每天用户登录尝试次数、登录时间等信息。

（2）审计客户机与移动存储设备间的文件操作，包括复制、删除、剪切、粘贴、文件另存为等。

（3）审计客户机的打印机使用情况，记录打印文件名称、打印时间、打印页数等信息。

(4) 禁止客户机以无线方式接入互联网，并部署审计策略记录客户机未成功的联网行为。

3. 对移动存储介质风险进行防护

为了降低移动存储介质带来的安全风险，应在企业内部对所有移动存储介质进行统一管理。对不同的存储介质采取不同的技术和管理措施。通过技术手段使外来移动存储介质无法接入企业内部网，内部网中认证过的移动存储介质也仅能在授权的客户机上使用，对涉密的移动存储介质应采取加密等技术使其在授权之外的计算机上无法使用，以降低因介质丢失或管理不严带来的安全风险。

第四章　计算机网络加密与认证技术

第一节　密码学与加密技术

一、密码学

（一）密码学的构成

密码学是一门古老而深奥的学科，对一般人来说是非常陌生的。长期以来，只在很小的范围内使用，如军事、外交、情报等部门。随着信息化和数字化社会的发展，人们对信息安全和保密的重要性认识不断提高，民间力量开始全面介入密码学的研究和应用中，采用的加密算法有 DES、RSA、SHA 等。随着对加密强度的不断提高，近期又出现了 AES、ECC 等。

计算机密码学是研究计算机信息加密、解密及其变换的科学，是数学和计算机的交叉学科，也是一门新兴的学科。随着计算机网络和计算机通信技术的发展，计算机密码学得到前所未有的重视并迅速普及和发展起来。在国内外，它已成为计算机安全主要的研究方向。

一般来说，由于传输中的公共信道和存储在磁盘、光盘上的文件比较脆弱，因此它们很容易遭受到非法攻击。其攻态形式分为主动攻击和被动攻击两种；从传输信道上截取信息或从磁盘上偷窃或复制信息称为被动攻击，其结果是导致信息的非法泄露和对私有权的侵犯；对传输的信息或对存储的数据进行非法更改、删除或插入的攻击称为主动攻击。其结果可能引起数据或文件的出错或造成混乱，严重时可能导致信息处理系统失控或瘫痪。因此，除法律保护、行政管理和人员教育之外，还需要合适的保护措施。密码技术就是实现这种保护的有效方法。

密码学主要研究通信保密，主要用于计算机及其保密通信，它的基本思想就是伪装信息，使未授权者不能理解它的含义。所谓伪装，就是对传输的信息——计算机中的指令和数据进行一组可逆的数字变换。伪装前的原始信息称为明文，伪装后的信息称为密文，伪装的过程称为加密，加密要在加密密钥（Key）的控制下进行，用于对信息进行加密的一组数学变换称为加密算法。发信者将明文数据加密成密文，然后将密文数据送入计算机网络或存入计算机文件。授权的接收者收到密文数据之后，进行与加密相逆的变换，去掉密文的伪装，恢复明文，这个过程称为解密。解密是在解密密钥的控制下进行的，用于解密的一组数学变换称为解密算法。加密和解密组成加密系统，明文和密文统称为报文。

加密就是利用密码学的方法对信息进行变换，使得未授权者不能识别和理解其真正的含义，也不能伪造、篡改和破坏数据。密码学还有效地用于信息鉴别、数字签名，以防止电子欺骗。

任何一个加密系统，无论形式多么复杂，都至少应包含以下五个部分：

（1）明文空间 M，是待加密的全体报文的集合。

（2）密文空间 C，是加密后全体报文的集合。

（3）密钥空间 K，是全体密钥的集合，可以是数字、字符、单词或语句。其中，每一个密钥，均由加密密钥和解密密钥组成。

（4）加密算法 E，是一组由 M 到 C 的加密变换。

（5）解密算法 D，是一组由 C 到 M 的解密变换。

一个密码系统由算法以及所有可能的明文、密文和密钥（分别称为明文空间、密文空间和密钥空间）组成。信息以密文形式存储在计算机的文件中，或在通信网络中传输，即使被未授权者非法窃取，或因系统故障、人为操作失误造成信息泄露，未授权者也不能识别和理解其真正的含义，从而达到保密的目的。同样，未授权者也不能伪造合理的报文，因而不能篡改和破坏数据，从而达到确保数据真实性的目的。

对于每一确定的密钥 K ＝（Ke，Kd），加密算法将确定一个具体的加密变换，解密算法将确定一个具体的解密变换，而且解密变换是加密变换的逆过程。明文空间 M 中的每一个明文，加密算法在加密密钥 K 的控制下，将 M 加密成密文 C。

在一个密码系统中不可能经常改变加密算法，在这种意义上可以把算法视为常量。反之，密钥则是一个变量。可以根据事前约定好的安排，改变用过若干次后的密钥，或者每过一段时间后更换一次密钥等。为了密码系统的安全，有必要频繁更换密钥。出于种种原因，算法往往不能够保密，因此，常常假定算法是公开的，真正需要保密的是密钥。所以，在分发和存储密钥时应特别小心。

（二）对称密钥算法

密码算法也叫密码，基于密钥的算法通常有对称密钥密码算法（或私钥密码）和公钥算法（或公钥密码）两类。如果一个密码体制的 Ke ＝ Kd，即加密密钥能够从解密密钥中推算出来，反过来也成立，我们称为对称密钥密码算法。对称密钥密码算法也可称为对称算法或传统算法，包括换位加密、代替加密、乘积加密和综合加密等。在大多数对称密钥密码算法中，加密密钥和解密密钥是相同的。这些算法也叫秘密密钥算法或单密钥算法，它要求发送者和接收者在安全通信之前，商定一个密钥。对称算法的安全性依赖于密钥，泄露密钥就意味着任何人都能对消息进行加密和解密。只要通信需要保密，密钥就必须保密。对称加密算法的发送方和接收方使用相同的密钥，通常密钥长度 40 ～ 168bit。常用的对称加密算法有 DES、IDEA、RC2/4/5/6、CAST 等。

对称密钥密码算法可分为两类：第一，一次只对明文中的单个位（有时对字节）运算的算法称为序列算法或序列密码；第二，对明文的一组位进行运算，这些位组称为分组，相应的算法称为分组算法或分组密码。现代计算机密码算法的典型分组长度为 64 位，这个长度大到足以防止分析破译，但又小到足以方便使用（在计算机出现前，算法每次只对明文的一个字符运算，可认为是序列密码对字符序列的运算）。

对称加密算法的特征包括如下四点：

(1) 通常计算速度非常快。

(2) 基于简单的数学计算，所以可以通过硬件加速。

(3) 密钥管理比较麻烦。

(4) 通常用来做整段数据加密、块加密、流加密、消息完整性验证。

（三）公钥算法

如果密码体制的 Ke ≠ Kd，即用作加密的密钥不同于用作解密的密钥，而且解密密钥不能根据加密密钥计算出来（至少在合理假定的长时间内），我们称之为公钥算法。公钥算法也叫非对称算法，之所以叫作公开密钥算法，是因为加密密钥能够公开，即陌生者能用加密密钥加密信息，但只有相应的解密密钥才能解密信息。在这些系统中，加密密钥叫作公开密钥（Public Key，公钥），解密密钥叫作私人密钥（Private Key，私钥）。私人密钥有时也叫秘密密钥，为了避免与对称密钥密码算法混淆，此处不用秘密密钥这个名字。公钥算法的通常密钥长度是 512 ～ 2048bit（和对称加密算法的密钥长度不可比较），常用的非对称加密算法有 RSA、EIGamal、EliPtic Curve。

有时消息用私人密钥加密而用公开密钥解密，这用于数字签名。

加密算法的特性包括如下三点：

(1) 相对于对称加密算法，速度比较慢。

(2) 基于硬件计算，密钥管理简单。

(3) 通常用作少量数据的加密（如数字签名、对称加密算法的密钥交换）。

公钥密码加密指的是，通信的各方都公开自己的一个密钥，保留另一个私钥。公开的密钥可以用来加密通信的内容，只有相应的私钥才可解开被加密的内容，问题就此简化了。由于加密钥匙是公开的，密钥的分配和管理就很简单，比如对于具有n个用户的网络，仅需要个密钥。公开密钥加密系统还能够很容易地实现数字签名，因此，最适合于电子商务应用需要。在实际应用中，公开密钥加密系统并没有完全取代对称密钥加密系统，这是因为公开密钥加密系统是基于尖端的数学难题，计算非常复杂，它的安全性更高，但它实现速度却远远赶不上对称密钥加密系统。在实际应用中可利用两者的各自优点，采用对称加密系统加密文件，采用公开密钥加密系统加密“加密文件”的密钥（会话密钥），这就是混合加密系统，它较好地解决了运算速度问题和密钥分配管理问题。因此，公钥密码体制通常被用来加密关键性的、核心的机密数据，而对称密码体制通常被用来加密大量的数据。自公钥加密问世以来，学者提出了许多种公钥加密方法，它们的安全性都是基于复杂的数学难题。根据所基于的数学难题来分类，有三类系统目前被认为是安全和有效的：大整数因子分解系统(代表性的有 RSA)、椭圆曲线离散对数系统(ECC)和离散对数系统(代表性的有 DSA)。

二、加密技术

“当前社会是信息化的社会，而数据是承载信息的基础，确保数据在传输过程中的安全也就具有十分重要的现实意义。数据在网络进行传输时，需要借助一定的介质基础完成，但是在数据通过网络进行传输的过程中，难以避免地会受到来自各方面或多或少的攻击，这就给数据的安全传输造成了不小的威胁。”① 因此，为了提高数据在网络传输过程中的安全性，避免其被截获窃取，通过将加密算法有效地运用于数据的传输过程中，其能够对重要数据进行安全可靠的加密，进而提高数据传输过程中的安全性，从而避免数据被窃取利用。

（一）DES 对称加密技术

“DES算法是一种分组密码，是1972年美国IBM公司研制的对称密码体制加密算法，通过反复使用加密组块替代和换位两种技术，经过 16 轮的变换后得到密文，安全性高。”②

在 20 世纪，DES 芯片开始在银行、金融界广泛应用。

虽然 DES 不会长期地作为数据加密标准算法，但它仍是迄今为止得到最广泛应用的一种算法，也是一种最有代表性的分组加密体制。因此，详细地研究这一算法的基本原理、设计思想、安全性分析，以及实际应用中的有关问题，对于掌握分组密码理论和当前的实际应用都是很有意义的。

DES 是一种对二元数据进行加密的算法，数据分组长度为 64bit（8B），密文分组长度也是 64bit，没有数据扩展。密钥长度为 64bit，其中有 8bit 奇偶校验，有效密钥长度为 56bit。DES 的整个体制是公开的，系统的安全性全靠密钥的保密实现。算法主要包括初始置换 IP、16 轮迭代的乘积交换、逆初始置换 IP-1 及 16 个子密钥产生器。

(1) 初始置换口。初始置换 IP 可将 64bit 明文的位置进行置换，得到一个乱序的 64bit 明文组，而后分成左右两段，每段为 32bit，以 L0 和 R0 表示，IP 中各列元素位置号数相差为 8，相当于将原明文各字节按列写出，各列比特经过偶采样和奇采样置换后，再对各行进行逆序，将阵中元素按行读出构成置换输出。

(2) 逆初始置换 IP-1。拟初始置换 IP-1 可将 16 轮迭代后给出的 64bit 组进行置换，

① 李翔宇，于景泽.DES加密算法在保护文件传输中数据安全的应用[J].信息技术与信息化，2019（03）：23.
② 周文婷，朱姣姣.DES加密算法的一种改进方法[J].计算机安全，2012（09）：47.

得到输出的密文组，输出为阵中元素按行读得的结果。IP 和 IP-1 在密码意义上作用不大，因为输入组 x 与其输出组 y = IP（x）是已知的一一对应关系。它们的作用在于打乱原来输入 x 的 ASCII 码字划分的关系，并将原来明文的校验位 x8、xl6、……、x64 变成为 IP 输出的一个字节。

（3）乘积变换。乘积变换是 DES 算法的核心部分。乘积变换将经过 IP 置换后的数据分成 32bit 的左右两组，在迭代过程中彼此左右交换位置。每次迭代时只对右边的 32bit 进行一系列的加密变换，在此轮迭代即将结束时，把左边的 32bit 与右边得到的 32bit 逐位模 2 相加，作为下一轮迭代时右边的段，并将原来右边未经变换的段直接送到左边的寄存器中作为下一轮迭代时左边的段。在每一轮迭代时，右边的段要经过选择扩展运算 E、密钥加密运算、选择压缩运算 S、置换运算 P 和左右混合运算。

（4）选择扩展运算 E。选择扩展运算下可将输入的 32bitRi-1 扩展成 48bit 的输出。令 s 表示 E 原输入数据比特的原下标，则 E 的输出是将原下标 s = 0 或 1（mod4）的各比特重复一次得到的，即对原第 32、1、4、5、8、9、12、13、16、17、20、21、24、25、28、29 各位都重复一次，实现数据扩展。将变换表中数据按行读出得到 48bit 输出。

（5）密钥加密运算。密钥加密运算可将子密钥产生器输出的 48bit 子密钥 ki 与选择扩展运算 E 输出的 48bit 数据按位模 2 相加。

（6）选择压缩运算。选择压缩运算可将前面送来的 48bit 数据从左至右分成 8 组，每组为 6bit。而后并行送入 8 个 S 盒，每个 S 盒为一非线性代换网络，有 4 个输出。

（7）置换运算。置换运算可对 S1 ～ S8 盒输出的 32bit 数据进行坐标置换，置换 P 输出的 32bit 数据与左边 32bit 即 Ri-1 逐位模 2 相加，所得到的 32bit 作为下一轮迭代用的右边的数字段，并将 Ri-1 并行送到左边的寄存器，作为下一轮迭代用的左边的数字段。

（8）子密钥产生器。子密钥产生器可将 64bit 初始密钥经过置换选择 PC1、循环移位置换、置换选择 PC2 给出每次迭代加密用的子密钥。在 64bit 初始密钥中有 8 位为校验位，其位置序号为 8、16、32、48、56 和 64，其余 56 位为有效位，用于子密钥计算。将这 56 位送入置换选择 PC1。经过坐标置换后分成两组，每组为 28bit，分别送入 C 寄存器和 D 寄存器中。在各次迭代中，C 和 D 寄存器分别将存数进行左循环移位置换。每次移位后，将 C 和 D 寄存器原存数送给置换选择 PC2，置换选择 PC2 将 C 中第 9、18、22、25 位和 D 中第 7、9、15、26 位删去，并将其余数字置换位置后送出 48bit 数字作为第 Z 次迭代时所用的子密钥。

至此，我们已将 DES 算法的基本构成做了介绍，加密过程可归结如下：令 IP 表示初始置换，KS 表示密钥运算，Z 为迭代次数变量，KEY 为 64bit 密钥，f 为加密函数，0 表示逐位模 2 求和。

DES 出现在密码学史上是个创举。以前任何设计者对于密码体制细节都是严加保密的，而 DES 则公开发表，任人测试、研究和分析，可随意制作 DES 的芯片和以 DES 为基础的保密设备。DES 的安全性完全依赖于所用的密钥。

（二）PGP 加密技术

PGP（Pretty Good Privacy）加密技术的创始人是美国的菲尔 · 齐默尔曼。他创造性地把 RSA 公钥体系和传统加密体系结合起来，并且在数字签名和密钥认证管理机制上有巧妙的设计，因此PGP成为目前几乎最流行的公钥加密软件包。由于RSA算法计算量极大，在速度上不适合加密大量数据，所以 PGP 实际上用来加密的不是 RSA 本身，而是采用传统加密算法 IDEA，IDEA 加解密的速度比 RSA 要快得多。PGP 随机生成一个密钥，用IDEA算法对明文加密，然后用RSA算法对密钥加密。收件人同样是用RSA解出随机密钥，再用 IDEA 解出原文。这样的链式加密既有 RSA 算法的保密性和认证性，又保持了 IDEA 算法速度快的优势。

PGP 可用它对文件、邮件进行加密，在常用的 WINZIP、Word、ARJ、Excel 等软件的加密功能均告可被破解时，选择 PGP 对自己的私人文件、邮件进行加密不失为一个好办法。除此之外，还可和同样装有 PGP 软件的朋友互相传递加密文件。

PGP 的安装很简单，和普通软件安装一样，只须按提示一步步操作完成即可。在安装过程中，可以选择要安装的选件，如果选择了 PGPmail for Microsoft Outlook Express 或者 PGPmail for Microsoft Outlook，就可以在 Outlook Express 或 Outlook 中直接用 PGP 加密邮件的内容。

1.PGP 密钥对的生成

使用 PGP 之前，需要生成一对密钥（公钥和私钥），公钥分发给朋友或者在服务器上公开发布，让他们用这个密钥来加密文件，另一个称为私钥，这个密钥由自己保存，用它来解开加密文件。打开“开始”菜单中 PGP 的子菜单 PGPkeys，单击 Generate New Key Pair 或者选择菜单栏 Keys 下的 NewKey，开始生成密钥对。只要跟着它一步一步做下去就可以生成密钥，在这里，选用专家 Expert 选项来生成密钥对。

理论上讲，密钥编码长度越长，安全性越高，但解密时间及档案大小也会相对增加。请自行衡量需要的加密长度。一般都不设定钥匙的有效期限，除非有特别的安全考虑，PGP 也提供这项功能。可以对自己的私钥设定一组密码，在激活私钥时都须加以核对，以增加安全性，但一直输入密码也很麻烦，因此 PGP 有很人性化的考虑，它会自动判断需不需要核对密码，为私钥创建保护密码在产生公钥 / 私钥的过程中，需要不断地移动鼠标，来制造随机数，这样，才能最后完成密钥对的产生。

2. 发布与导入公钥

发布指的是把自己的公钥分发给他人，发布有两种方式：一种是导出为文字文件，通过安全渠道发送到对方；另一种是发布到公开服务器上。从安全的角度来说，个人的

PGP 公钥最好是通过安全的管道传送给自己的亲朋好友，让对方用来加密文件传给自己，当然也可以把自己的公钥发布到服务器上，开放给任何人下载，但是，这种公开的方式隐含了安全问题，因为可能会有人假造他人的公钥传送到 KeyServer 上，从而截取他人的私密信息。

在 PGPkeys 界面中的 Keys 菜单中有 Export 命令，它会帮你将公钥或私钥产生 ASCII 格式的文件，这个 ASCII 格式的文件就是你的公钥了。除了产生公钥的文字文件之外，若选择了 Include Private Key（s）复选框，将产生包含私钥的文字文件，扩展名习惯上都是 *.asc。若将密钥发布到公开服务器上，需要设定服务器的参数。在 PGPkeys 界面中的 Edit 菜单内有 Options 命令，选择 Servers 选项卡，然后单击 New 创建一个服务器。

根据实际情况设定服务器的参数，并选中 Listin search window 复选框，其他不需要的可以把Listed项去掉。单击OK按钮，便完成TN服务器的添加和参数设定。服务器设定后，便可以利用 PGPkeys 界面中的 Server 菜单中的 Send To 命令，把公开密钥分发到预定的服务器上。

导入是指导入他人的公钥，有两种方式：一种是导入文字文件的公钥，利用 PGPkeys 界面中的 Keys 菜单中的 Import 命令即可；另一种是通过在服务器上搜寻的方式添加，利用 PGPkeys 界面中的 Server 菜单中的 Search 命令，进行搜索，找到相关的 Public Key 后，选中想加入的公钥，然后右击，选择 Import to Local Keyring 命令即可。

使用 PGP 加密文件，使用 PGP 可以加密本地文件，右击要加密的文件，选择 PGP 菜单项中的 Encrypt 选项。

系统自动出现对话框，让用户选择要使用的加密密钥，选中一个密钥，单击 OK 按钮。目标文件被加密，在当前目录下自动产生一个新的文件。打开加密后的文件时，程序自动要求输入密码，输入建立该密钥时的密码。

第二节　数据加密算法与密钥管理

一、数据加密算法

（一）RSA 算法

RSA 加密算法是公钥系统中最具典型意义的方法，也是第一个既能用于数据加密也能用于数字签名的算法。与传统的对称密码算法相比，RSA算法有两个明显的优势：首先，它为实现数字签名和数字认证提供了手段，而用 DES 无法实现这一功能；其次，在一个具有 N 个节点的网络中，用 DES 算法进行数据加密时，需要使用 N（N-1）/2 对密钥，而用 RSA 算法进行数据加密时只需要 N 对密钥，大大减轻了密钥分配与管理的工作量。

RSA 算法的速度要比 DES 算法慢得多。使用硬件实现时，DES 算法比 RSA 算法快；使用软件实现时，DES 算法也比 RSA 算法快。

一般来说，密钥长度越长，安全性越好。RSA 实验室建议，个人使用 RSA 算法时，公开模数的长度应为 768bit，即 768 位二进制数，公司应使用 1024bit，极其重要的单位要使用 2048bit。当然，密钥太长时，加密、解密速度太慢，会影响效率。

（二）Diffie-Hellman 算法

Diffie 和 Hellman 发表的第一个公钥密码算法论文中定义了公钥密码学。论文中提出一个密钥交换系统，让网络互不相见的两个通信体，可以共享一把钥匙，用以证明公开密钥的概念的可行性。这个算法本身基于计算离散对数难题，其目的是实现两个用户之间安全地交换密钥以便后续的数据加密。直到现在，Diffie-Hellman 密钥交换算法仍然在许多商用产品中使用。

Diffie-Hellman算法仅当需要时才生成密钥，减少了密钥存储和管理带来的攻击问题，但算法无法证明通信双方的身份，且容易遭受阻塞攻击和重演攻击等攻击行为。

（三）椭圆曲线加密算法

20 世纪 80 年代，Koblitz 和 Miller 相互独立地开发并提出了在密码学中应用椭圆曲线构造公开密钥密码体制的思想。这一算法一出现便受到关注。由于基于椭圆曲线的公开密钥密码体制具有开销小、安全性高等优点，在快速加密、密钥交换、身份认证、数字签名等信息安全领域得到了广泛的应用。

基于椭圆曲线的密码体制需要更多的数学知识，其数学背景、椭圆曲线群上的离散对数及一些构建于椭圆之上的密码体制等。

二、密钥管理技术

尽管设计安全的加密算法很不容易，但在现实世界里，对密钥进行保密更加困难。密钥管理是密码学领域最困难的部分。密码分析者经常通过密钥管理来破译对称密码系统和公钥系统，而以低廉的代价从人身上找到漏洞比在密码体制中找到漏洞更容易。

（一）密钥生存期管理

加密算法的安全级别主要依赖于密钥，如果所采用的密钥生成方法较弱，那么整个体系将是十分脆弱的。一旦攻击者掌握了密钥的生成算法，那么他就不必去破解加密算法。与所使用的生成算法有关，最好的密钥是随机密钥。

密钥应保证在被使用中不被泄露，密钥过了使用期时应更换。

密钥的存储可分为无介质、记录介质、物理介质（如磁条卡、ROM芯片、IC卡）；为增强密钥的安全性，可以采用分段和加密等存储方式。

密钥恢复时，应保证该密钥分量的人员都在场，并负责自己保管的那份密钥的输入工作。所有操作都应记录到安全日志上。

销毁密钥时，应删除所有拷贝和重新生成或重新构造该密钥所需的信息，密钥终止其生命周期。

（二）对称密码系统密钥的分配

密钥的分配有多种方式，例如以下方案。在该方案中，假设每个用户与密钥分配中心（KDC）之间共享一个唯一的主密钥。例如，用户A与KDC之间的主密钥为Ka，用户B与KDC之间的主密钥为Kb，A希望与B通信，并需要一次性的会话密钥来加密传输的数据，则密钥的分配过程如下：

（1）A向KDC请求与B通信的会话密钥。请求包括A、B的标识及唯一的会话标识符N1，每次的标识符不同，可以用时间戳或随机数。

（2）KDC用加密一个报文响应A。报文中包含给A的一次性会话密钥Ka、A的请求报文，以及用Kb加密给B的和A的标识符IDa。

（3）A存放Ks，并将KDC发给B的信息（用Kh加密）转发给B。B可以获知会话密钥Kb和通信对方为A(IDa)，并知道信息是从KDC发出的(因为信息是用Kb加密的)。

（4）B用Ks发送另一个标识符N2给A。

（5）A也用Ks响应一个f（N2），其中/对N2进行某种变换的函数。

步骤（1）～（3）已经将会话密钥安全传给了A和B。步骤（4）和（5）是为了使B确定收到的步骤（3）的报文不是网上被延时了的重复报文，起到鉴别的作用。

在大型网络中，可以有一系列存在层次关系的KDC。本地KDC只负责一个小区域(如局域网）内的密钥分配；不同区域的实体需要共享一次会话密钥时，相应的本地就通过全局进行通信。层次控制方案使主密钥分配的工作量最小，并且可以将因KDC错误或受到破坏的危害限制在本地区域。

（三）非对称密码系统的密钥分配

与对称密钥加密相比，非对称加密的优势在于不需要共享的通用密钥，用于解密的私钥不发往任何地方，这样，即使公钥被获取，因为没有与其匹配的私钥，公钥对攻击者来说也没有任何用处。

分配公钥的技术方案有以下五类，这些方案在保证公钥的真实性和提高系统效率方面逐步增加。

1. 公开告示

如果一个非对称密钥加密算法被广泛接受，那么任何参与的用户都可以将其公开密钥发送或通过广播传给别人，就像贴出公开告示。这种方法的优点是很方便，但其最大的缺点是无法保证公钥的真实性。任何用户都可以以别人的名义发公开告示。如用户B能以用户A的名义发送公钥，那么，在A发现有人伪造了自己的公钥前，该用户都可以阅读所有想发给A的报文。

2. 公开密钥目录

由一个受信任的组织来维护一个可以公开得到的公钥动态目录。用户登记或更换自己的公钥时，必须通过某种形式的安全认证。管理机构定期发布或更新目录，其他用户也可以在线访问该目录。

这种方法比各个用户单独公开宣告更加安全，其弱点在于如果攻击者得到了目录管理机构的私钥，就可以伪造用户公钥，窃听发给该用户的报文，或篡改公钥目录，因此同样无法保证公钥的真实性。

3. 公开密钥管理机构

公开密钥管理机构也维护所有用户的公开密钥动态目录，但通过更严格的控制公钥分配过程增加其安全性。设每个用户都知道该管理机构的公钥，并且只有该管理机构才知道相应的私钥，分配过程如下：

(1) A给公钥管理机构发带有时间戳的报文请求B的当前公钥。

(2) 公钥管理机构用其私钥加密响应A的报文，包括B的公钥、A的请求报文及其时间戳。A可以用管理机构的公钥解密，从而确定报文来自管理机构；对照A的原始报文和时间戳确信请求未被篡改且不是过期的报文。

(3) A用B的公钥加密发给B的报文，并包含A的标识和本次会话的标识。

同样，B可以用上述过程得到A的公钥。A和B都可以存储对方的公钥，在公钥有效期内双方就可以自由通信了。

这种方法中，公钥的真实性有一定的保证，但每个用户要得到他所希望的其他用户的公钥都必须借助管理机构，因而公钥管理机构可能成为瓶颈，从而影响系统效率。另外，管理机构维护的公钥目录也可能被篡改。

4. 公钥证书

公钥证书是由一个值得信赖的证书管理机构（CA）签发，用户向CA申请时必须通过安全鉴别。当一个证书由CA进行数字签署后，持有者可以使用它作为证明自己身份的电子护照。它可以向Web站点、网络或要求安全访问的个人出示。内嵌在证书中的身份信息包括持有者的姓名和电子邮件地址、发证CA的名称、序列号以及证书的有效或者失效期。

当一个用户的身份被CA确认后，CA就用自己的私钥来保护这一数据。CA提供给用户的证书中包括用户标识、用户公钥和时间戳，并用CA的私钥加密。此时用户就可以将证书传给他人，接收者可以用CA的公钥解密来验证证书确实来自CA。证书的内容说明证书拥有者的名字和公钥，时间戳验证证书的实效性。

当然，仅使用时间戳还远远不够，密钥很可能出于泄露或者管理的原因在没有到期之前就已经失效。所以，CA必须保存一个合法的证书清单，这样用户就可以定期查看。

公钥证书能较好地保证公钥的真实性，并且CA不会成为瓶颈，对系统效率影响很小，是目前比较流行的一种方式。

5. 分布式密钥管理

有些情况下，可能有某些用户不相信CA，因为集中式的密钥管理是不可能进行的。分布式密钥管理通过“介绍人”解决了这个问题。介绍人是系统中对他们朋友的公钥签名的其他用户。例如，当B产生他的公钥时，把副本给他的朋友C和D，他们认识B，并分别在B的密钥上签名且给B一个签名副本。签名前，介绍人必须确信密钥是属于B的。

随着时间的推移,B将收集更多的介绍人。现在，当B把他的密钥送给新用户A时(A不认识B)，他就把两个介绍人的签名一起给了A。如果A认识并相信C或D，他就会相信B的密钥是合法的。如果A不认识C和D，他就没有理由相信B的密钥。

这种方法的好处是不需要人人都得相信CA。缺点是当A接收到B的密钥时，并不能保证认识介绍人中的某一个，而不能保证其相信密钥的合法性。

第三节　身份信息认证技术

认证，又称鉴别，是对用户身份或报文来源及内容的验证，以保证信息的真实性和完整性。认证技术的共性是对某些参数的有效性进行检验，即检查这些参数是否满足某种预先确定的关系。密码学通常能为认证技术提供一种良好的安全认证，目前的认证方法绝大部分是以密码学为基础的。

一、报文认证

从概念上讲，信息的保密与信息的认证是有区别的。加密保护只能防止被动攻击，而认证保护可以防止主动攻击。被动攻击的主要方法是截获信息，主动攻击的最大特点是对信息进行有意的修改，使其失去原来的意义。

认证包括两类：一是验证网络上发送的数据（如一个消息）的来源及其完整性，即对通信内容的鉴别，称为报文认证或者消息认证；二是指在用户开始使用系统时，系统对其身份进行的确认，即对通信对象的鉴别，称为身份认证。

报文认证是指在两个通信者之间建立通信联系之后，每个通信者对收到的信息进行验证，以保证所收到信息的真实性。

一般情况下，这种验证过程必须确定三项内容：①报文是由确认的发送方产生的；②报文内容没有被修改过；③报文是否按与发送时间相同的顺序收到的。

因此，报文认证通常可以分为报文源的认证、报文内容的认证和报文时间性的认证。

(1) 报文源的认证。报文源（发送方）的认证用于确认报文发送者的身份，可以采用多种方法实现，一般都以密码学为基础。例如，可以通过附加在报文中的加密密文来实现报文源的认证，这些加密密文是通信双方事先约定好的各自使用的通行字的加密数据，或者发送方利用自己的私钥（只有发送方自己拥有）加密报文，然后将密文（只有发送方利用其私钥才能产生的）发送给接收方，接收方利用发送方的公钥进行解密来鉴别发送方的身份，这就是数字签名的原理。

(2) 报文内容的认证。报文内容的认证目的是保证通信内容没有被篡改，即保证数据的完整性，通过认证码（AC）实现。这个认证码是通过对报文进行的某种运算得到的，也可以称其为“校验和”，它与报文内容密切相关，报文内容正确与否可以通过这个认证码来确定。认证的一般过程为：发送方计算出报文的认证码，并将其作为报文内容的一部分与报文一起传送至接收方。接收方在检验时，首先利用约定的算法对报文进行计算，得到一个认证码，并与收到的发送方计算的认证码进行比较。如果相等，就认为该报文内容是正确的，否则，就认为该报文在传送过程中已被改动过，接收方可以拒绝接收或报警。

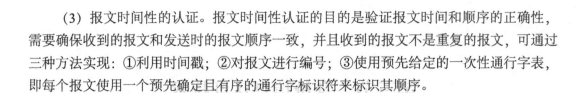

(3) 报文时间性的认证。报文时间性认证的目的是验证报文时间和顺序的正确性，需要确保收到的报文和发送时的报文顺序一致，并且收到的报文不是重复的报文，可通过三种方法实现：①利用时间戳；②对报文进行编号；③使用预先给定的一次性通行字表，即每个报文使用一个预先确定且有序的通行字标识符来标识其顺序。

二、身份认证协议

身份认证是建立安全通信环境的前提条件，只有通信双方相互确认对方身份后才能通过加密等手段建立安全信道，同时它也是授权访问（基于身份的访问控制）和审计记录等服务的基础，因此身份认证在网络信息安全中占据着十分重要的位置。这些协议在解决分布式，尤其是解决开放环境中的信息安全问题时起到非常重要的作用。

通信双方实现消息认证方法时，必须有某种约定或规则，这种约定的规范形式叫作协议。身份认证分为单向认证和双向认证。如果通信的双方需要一方被另一方鉴别身份，这样的认证过程就是一种单向认证。如果通信的双方需要互相认证对方的身份，即为双向认证。据此，认证协议主要可以分为单向认证协议和双向认证协议。

（一）单向认证协议

当不需要收发、双方同时在线联系时，只需要单向认证，如电子邮件 E-mail。一方在向对方证明自己身份的同时，即可发送数据；另一方收到后，首先验证发送方的身份，如果身份有效，就可以接收数据。

用公钥加密方法时，A 向 B 发送 EKUB（M）可以保证消息的保密性，发送 EKRA（M）可以保证消息的真实性，若要同时提供保密、认证和签名功能，则需要向 B 发送 EKUB[EKRA（M）]，这样双方都需要使用两次公钥算法。其实，如果只侧重消息的保密性，配合使用公钥和对称密钥则更加有效。

（二）双向认证协议

双向认证协议是最常用的协议，它使得通信双方互相认证对方的身份，适用于通信双方同时在线的情况，即通信双方彼此互不信任时，需要进行双向认证。双向认证需要解决两个主要问题，即保密性和即时性。为防止可能的重放攻击，需要保证通信的即时性。

(1) 基于对称密码的双向认证协议。用对称加密方法时，往往需要有一个可以信赖的密钥分配中心（KDC），负责产生通信双方（假定 A 和 B 通信）短期使用的会话密钥。协议过程如下：

第一步：A 产生临时交互号 NA，并将其与 A 的标识 IDA 以明文形式发送给 B。该临时交互号和会话密钥等一起加密后返回给 A，以使 A 确认消息的即时性。

第二步：B 发送给 KDC 的内容包括 B 的标识 IDB、临时交互号 NB 以及用 B 和 KDC 共享的密钥加密后的信息。临时交互号将和会话密钥等一起加密后返回给 B，使 B 确信消息的即时性；加密信息用于请求KDC给A发放证书，因此它制定了证书接收方、证书的有效期和收到的A的临时交互号。

第三步：KDC将B的临时交互号、用与B共享的密钥KB加密后的信息（用作A进行后续认证的一张“证明书”），以及用与A共享的密钥加密后的信息（IDB用来验证B曾收到过A最初发出的消息，并且NA可说明该消息是及时的而非重放的消息）发送给A。A可以从中得到会话密钥Ks及其使用时限Tb。

第四步：A将证书和用会话密钥加密的NB发送给B。B可以由该证书求得解密EKS（NB）的密钥，从而得到NB。用会话密钥对B的临时交互号加密可保证消息是来自A的而非重放消息。

注意，这里的TB是相对于B时钟的时间，因为B只校验自身产生的时间戳，所以不要求时钟同步。

如果发送者的时钟比接收者的时钟要快，攻击者就可以从发送者处窃听消息，并等待时间戳，在对接收者来说成为当前时刻时重放给接收者。这种重放将会得到意想不到的后果。这类攻击称为抑制重放攻击。

(2) 基于公钥密码的双向认证协议。在使用公钥加密方法时，一个避免时钟同步问题的修改协议如下：

第一步：A先告诉KDC他想与B建立安全连接。

第二步：KDC将B的公钥证书的副本传给A。

第三步：A通过B的公钥告诉B想与之通信，同时将临时交互号发给B。

第四步：B向KDC索要会话密钥和A的公钥证书，由于B发送的消息中含有A的临时交互号，所以KDC可以用该临时交互号对会话密钥加戳，其中临时交互号受KDC的公钥保护。

第五步：KDC将A的公钥证书的副本和消息（NA、Ks、IDB）一起返回给B，前者经过KDC私钥加密，证明KDC已经验证了A的身份；后者经过KDC的私钥和B的公钥的双重加密，Ks和NA使A确信Ks是新的会话密钥，EKRauth的使用使得B可以验证该信息确实来自KDC。

第六步：B用A的公钥将B的临时交互号和EKRauth（NA、Ks、IDA、IDB）加密后传给A。

第七步：A用会话密钥Ks对NB加密传给B，使B确信A已知会话密钥。

三、基于口令的身份认证技术

基于口令（Password）的认证方法是传统的认证机制，主要用于用户对远程计算机系统的访问，确定用户是否拥有使用该系统或系统中的服务的合法权限。由于使用口令的方法简单，容易记忆，因此成为广泛采用的一种认证技术。基于口令的身份认证一般是单向认证。

目前，口令认证的安全性问题包括口令泄露、口令截获、口令猜测攻击等，因此，要保证口令认证的安全需要实现口令存储、设置、传输和使用上的安全。

（一）威胁和对策

(1) 外部泄露。外部泄露是指由于用户或系统管理的疏忽，使口令直接泄露给了非授权者。在实际中，用户常将口令写（或存储）在不安全的地方，而口令的发放机构也可能将用户信息保存在不安全的文件或系统中。预防泄露口令的对策主要包括：增强用户的安全意识，要求用户定期更换口令；建立有效的口令管理系统，原则上在管理系统中不保存用户口令，甚至超级管理员也不知道用户口令，但仍然可以验证口令。我们以下将看到，使用单向函数可以帮助实现这个功能，此时系统仅存储了口令的单向函数输出值。

(2) 口令猜测。在这些种情况下，口令容易被猜测：①口令的字符组成规律性较强，如与用户的姓名、生日或电话号码等相关；②口令长度较短，如不足 8 位字符；③用户在安装操作系统的时候，系统帮助用户预设了一个口令。防范口令猜测的对策主要包括：规劝或强制用户使用好的口令，甚至提供软件或设备帮助生成好的口令。限制从一个终端接入进行口令认证失败的次数。为阻止攻击者利用计算机自动进行猜测，系统应该加入一些延迟环节，如请用户识别并输入一个在图像中的手写体文字。还可以限制预设口令的使用。

(3) 线路窃听。攻击者可能在网络或通信线路上截获口令。因此，口令不能直接在网络或通信线路上传输。当前，在网络上用户需要用口令登录大量的系统，后者一般采用单向公钥认证后建立加密连接的方法保护口令，由服务器将公钥证书传递给登录用户，双方基于服务器公钥协商加密密钥，建立加密连接，最后再允许用户输入口令。

(4) 重放攻击。攻击者可以截获合法用户通信的全部数据，以后可能冒充通信的一方与另一方联系。为了防范重放攻击，验证方需要能够判断发来的数据以前是否收到过，这往往通过使用一个非重复值（NRV）实现，它可以是时间戳或随机生成的数。

(5) 对验证方的攻击。口令验证方存储了口令的基本信息，攻击者可能通过侵入系统获得这些信息。若是口令存储在验证方，则口令直接泄露。若验证方仅存储了口令的单向函数输出值，也为验证方的攻击者猜测口令提供了判断依据。这时常用的口令猜测方法被称为搜索法或暴力破解法，它利用一些字库或词典生成并验证口令，生成的口令满足一般用户创建口令的习惯。以上情况说明验证方必须妥善保管账户信息。

（二）挑战—响应技术

为了解决难以管理 NRV 的问题，出现了一次口令技术，即验证者和声称者能够同步地各自生成一个临时有效的 NRV。由于它参与到对口令的认证中，重放攻击因不能生成当前的 NRV 而失效。例如，若双方主机进行了时间上的同步，可以利用当前时间生成的数据（称为时间戳）作为这个 NRV。但是，维持双方的同步在很多情况下是困难的。

挑战—响应口令方案由验证者向声称者发送一个类似 NRV 的询问消息，只有收到询问消息和掌握正确口令的一方才能通过认证。

挑战—响应技术以一种更安全的方式验证另一方知道的某个数据，是在网络安全协议设计中经常使用的技术之一。

（三）口令的安全性管理

1. 口令的安全存储

口令如何存储对于口令的安全性有着很大的影响。一般的口令有两种方法来存储：一是直接明文存储口令，二是哈希散列存储口令。

直接明文存储口令是指将所有用户的用户名和口令都直接存储于数据库中，没有经过任何算法或加密过程。

哈希散列函数的目的是为文件、报文或其他分组数据产生“指纹”。在口令的安全存储中，可以使用散列函数对于口令文件中每一个用户口令计算散列值并对应于用户名存储起来；当用户登录时，用户输入口令，系统使用散列函数计算，然后与口令文件中的相对应的散列值进行比较，成功则允许用户访问，否则拒绝其登录。

2. 口令的安全设置策略

(1) 所有活动账号都必须有口令保护。

(2) 口令输入时不应将口令的明文显示出来，如输入的字符用 * 取代。

(3) 口令最好能够同时含有字母和非字母字符。

(4) 口令长度最好能多于 8 个字符。

(5) 用户连续输错 3 次口令后账号将被锁定，只有系统管理员可以解锁。

(6) 如果可能，应控制登录尝试的频率。

(7) 在生成账号时，系统管理员应该分配给合法用户一个唯一的口令，用户在第一次登录时应更改口令。

(8) 在 UNIX 系统中，口令不应存放在 /etc/passwd 文件中，而只应存放在只有 root 用户和系统自身有权访问的 shadow 文件中。

(9) 在 UNIX 系统中，如果 root 账号的口令被攻破或泄露，所有的口令都必须修改；必须定期用监控工具检查口令的强度和长度是否合格。

(10) 所有系统用户的口令最好是难以猜测的，避免使用生日、名字的字符；用户获取口令时必须用适当的方式证明自己的身份。

(11) 如果可能，用户在空闲状态达 30 分钟后应该自动退出。

(12) 用户成功登录时，应显示上次成功或失败登录的日期和时间。

3. 口令的加密传输

口令认证的缺点是其安全性仅仅基于用户口令的保密性，而攻击者可能在信道上搭线窃听或进行网络窥探。因此，将口令加密传输，可以在一定程度上防止口令的泄露，但口令的加密传输需要密钥管理和分发服务，可以借助于KDC这一基础服务的支持来实现。

4. 验证码的使用

验证码是一串服务器随机产生的数字或符号，生成一幅图片，图片里加上一些干扰像素以防止扫描，在客户端由用户肉眼识别其中的验证码信息。用户每次登录和注册时，验证码根据时间周期随机生成，用户一定时间周期内必须依据图片手工输入验证码，提交服务器系统验证，验证成功后或验证码生存周期（一般是30秒）过后才能进行下一次登录和注册。实际上，通过使用验证码可以控制登录或注册时间和节奏，有效防止对某一个特定注册用户用特定程序自动进行口令的穷举尝试。

四、基于智能卡与USBKey的身份认证技术

基于智能卡和USBKey的身份认证技术都是基于小型硬件设备的。

智能卡具有硬件加密功能，有较高的安全性。智能卡也称IC卡（集成电路卡）。一些智能卡包含一个微电子芯片，智能卡需要通过读写器进行数据交互。智能卡配备有CPU、RAM和I/0，可自行处理数量较多的数据。日常生活中常见的IC卡有校园卡、社保卡、医保卡、公交卡等。不同领域的IC卡担负着不同的功能，随着信息技术的飞速发展以及新的社会需求的不断刺激，智能卡的身份认证有着广泛的应用前景。每个用户持有一张智能卡，智能卡存储用户个性化的秘密信息，同时在验证服务器中也存放秘密信息。

基于USBKey的身份认证技术是近几年发展起来的一种使用方便、安全可靠的技术，特别是网上银行认证使用较为普遍。

USBKey是一种基于USB接口的小型硬件设备，通过USB接口与计算机连接，USBKey内部带有CPU及芯片级操作系统，所有读写和加密运算都在芯片内部完成，能够防止数据被非法复制，具有很高的安全性。在USBKey中存放代表用户唯一身份的私钥或数字证书，利用USBKey内置的硬件和算法实现对用户身份的验证和鉴别。

在基于USBKey的用户身份认证系统中，主要有两种应用模式，即基于激励—响应的认证模式和基于PKI的认证模式，以实现不同的用户身份认证体系。目前，USBKey还可以结合动态口令（一次性口令）方式，进一步提高了安全性。显然，USBKey提供了比单纯口令认证方式更加安全且易于使用的身份认证方式，在不暴露任何关键信息的情况下就可实现身份认证。

每个持有智能卡和USBKey的用户都有一个用户PIN码，进行认证时，需要用户输入PIN，并且持有智能卡或USBKey认证硬件，以实现双因素认证功能，防止用户被冒充。

五、基于生物特征的身份认证技术

传统的身份识别主要是基于用户所知道的知识和用户所拥有的身份标识物，如用户的口令、用户持有的智能卡等。在一些安全性较高的系统中，往往将两者结合起来，如自动

取款机要求用户提供银行卡和相应的密码。但身份标识物容易丢失或被伪造，用户所知道的知识容易忘记或被他人知道，这使得传统的身份识别无法区分真正的授权用户和取得授权用户知识和身份标识物的冒充者，一旦攻击者得到授权用户的知识和身份标识物，就可以拥有相同的权力。现代社会的发展对人类自身的身份识别的准确性、安全性和实用性不断提出要求，人类在寻求更为安全、可靠、使用方便的身份识别途径的过程中，基于生物特征的身份认证技术应运而生。

基于生物特征的身份认证技术是以生物技术为基础，以信息技术为手段，将生物和信息技术融合为一体的一种技术。

（一）指纹识别技术

基于增强认证系统安全性的考虑，在电子商务身份认证过程中，通过客户端的指纹传感器获得用户的指纹信息，加密后传送到服务器。

基于生物特征的身份认证能解决类似于口令窥视和密钥等身份信息管理难的问题，但很难阻止第三方的重放攻击。而基于指纹的电子商务身份认证系统综合了指纹识别、数字签名和加密技术，有效地解决了客户端身份信息的存储和管理问题；同时，通过认证过程中使用时间戳和随机数阻止了第三方的重放攻击。

（二）DNA 识别技术

DNA 又称脱氧核糖核酸，存在于一切有核的动、植物中，是染色体的主要化学成分，生物的全部遗传信息都储存在 DNA 分子中，又被称为“遗传微粒”。DNA 结构中的编码区，即遗传基因或基因序列部分占 DNA 全长的 3% ～ 10%，这部分即遗传密码区。就人来说，遗传基因约有 10 万个，每个均由 A、T、G、C 这 4 种核苷酸，按次序排列在两条互补的组成螺旋的 DNA 长链上。核苷酸的总数达 30 亿左右，如随机查两个人的 DNA 图谱，其完全相同的概率仅为三千亿分之一。随着生物技术的发展，尤其是人类基因研究的重大突破，研究人员认为 DNA 识别技术将是未来生物特征识别技术发展的主流，如 DNA 亲子鉴定。

但是由于识别的精确性和费用的不同，在安全性要求较高的应用领域中，往往需要融合多种生物特征来作为身份认证的依据。由于人体生物特征具有人体所固有的不可复制的唯一性，而且具有携带方便等特点，使得基于生物特征的身份认证技术比其他身份认证技术具有更强的安全性和方便性。

在身份认证技术中，数字证书是目前公认的网络中安全而有效的身份认证手段。将数字证书存储在智能卡和 USBKey 中，并采集使用者的生物特征一并存入其中进行身份认证，将大大增加身份认证的方便性、可移动性和应用的可扩展性，同时也提高了身份认证的安全性和可靠性。

总之，在实际的身份认证系统中，往往不是单一地使用某种技术，而是将几种技术结合起来使用，兼顾效率和安全。需要注意的是，只靠单纯的技术并不能保证安全，当在实际应用中发现异常情况时，如在正确输入口令的情况下仍无法获取所需服务时，一定要提高警惕，这很有可能是攻击者在盗取身份证明。

六、身份认证的使用

（一）PPP 认证

PPP 协议是 TCP 中点到点类型线路的数据链路层协议，支持在各种物理类型的点到点串行线路上传输上层协议报文。为了在点到点链路上建立通信，PPP 链路的每一端在链路建立阶段必须首先发送链路控制协议（LCP）包进行数据链路配置。链路建立之后，PPP 提供可选的认证阶段，可以在进入网络控制协议阶段之前实施认证。

PPP 提供了以下两种可选的身份认证方法：

(1) PAP 认证。PAP 是一个简单的、实用的身份验证协议。PAP 的工作过程如下：采用 PPP 协议的对等实体首先使用 LCP 协议确定双方的认证方式，协商使用 PAP 进行身份认证。远程访问服务器（认证者）的数据库中保存客户端（被认证者）的用户名和密码，客户端输入自己的用户名和密码后，服务器端在其数据库中进行比对，根据比对结果确定是否通过验证。PAP 的弱点是用户名和密码是明文发送的，有可能被协议分析软件捕获而导致安全问题。但是，因为认证只在链路建立初期进行，节省了宝贵的链路带宽。目前，许多拨号网络采用 PAP 协议进行身份认证，并且系统的用户名和密码是公开的，服务器端只根据链路建立的时间收费，收费是针对客户端的电话号码进行的，攻击者截获密码已经没有实际意义，因此使用简单的验证机制是适用的。

(2) CHAP 认证。CHAP 通过三次握手周期性地认证对方的身份，在初始链路建立时完成，可以在链路建立之后的任何时候重复进行。本地路由器（被认证者）和远程访问路由器 NAS（认证者）之间使用 PPP 协议进行通信，并使用 CHAP 进行身份鉴别。在鉴别之前，双方数据库中保存和对方通信的共享密钥，该密钥也可以是双方共享的密码字。

CHAP 认证比 PAP 认证更安全，因为 CHAP 协议中的密码保存在认证对等端各自的数据库中，不在网络上传输，而被认证端发送的只是经过摘要算法加工过的随机序列，也被称为“挑战字符串”。同时，在双方正常通信过程中，身份认证可以随时进行，而 PAP 中的鉴别只发生在链路建立阶段。

（二）AAA 认证体系

AAA 指的是认证（Authentication）、授权（Authorization）和审计（Accounting）。其中，认证指用户在使用网络系统中的资源时对用户身份的确认。这一过程，通过与用户的交互获得身份信息（如用户名—口令、生物特征等），然后提交给认证服务器，根据处理结果确认用户身份是否正确。授权是网络系统授权用户以特定的方式使用其资源，这一过程指定了被认证的用户在接入网络后能够使用的业务和拥有的权限，如授予的 IP 地址等。

审计是网络系统收集、记录用户对网络资源的使用，以便向用户收取资源使用费用，或者用于计费等目的。例如，对于ISP用户的网络接入使用情况可以按流量或者时间被准确记录下来。

AAA提供了访问控制的框架，使得网络管理员可以通过策略访问所有的网络设备，它具有四个优点：①对安全信息，特别是账号等信息的集中控制；②扩展性强，安全产品厂商可以根据AAA规范设计生产自己的安全产品；③既适合于网络内部的认证，也适合于网络接口的各种认证；④最大的灵活性，可对现有网络实施AAA框架而无须改造。

AAA最常使用的协议包括远程验证拨入用户服务和终端访问控制器访问控制系统等。

I.RADIUS

RADIUS最初是为拨号网络开发的，其目的是为拨号用户进行认证和审计，现已被广泛应用于对网络设备的认证。

RADIUS是基于UDP的访问服务器认证和审计的客户机/服务器协议，认证机制灵活，可以采用PAP、CHAP或者UNIX登录认证等多种方式。RADIUS是一种可扩展的协议，它进行的全部工作都是基于Attribute-Length-Value的向量进行的。

RADIUS服务器具有对用户账号信息的访问权限，并且能够检查网络访问身份验证证书。如果用户的证书是可验证的，RADIUS服务器则会对基于指定条件的用户访问进行授权（在RADIUS中，认证和授权是组合在一起的），并将这次网络访问记录到审计日志中。使用RADIUS可以统一地对用户身份验证、授权和审计数据进行收集和维护，并集中管理。

RADIUS认证是一种基于挑战/应答（Challenge/Response）方式的身份认证机制。每次认证时服务器端都给客户端发送一个不同的“挑战”信息，客户端程序收到这个“挑战”信息后，做出相应的应答。一个典型的RADIUS认证过程包括以下五个步骤：

（1）用户尝试登录路由器，提供必要的账号和密码信息。

（2）路由器将用户信息加密，转发给RADIUS认证服务器。

（3）RADIUS认证服务器在RADIUS数据库中查找相关的用户信息。

（4）根据查找的结果向路由器发送回应。如果找到匹配项，则返回一个访问允许（Access-accept）消息；否则，则返回一个访问拒绝（Access-reject）消息。

（5）路由器根据RADIUS认证服务器的返回值，确定允许或拒绝用户的登录请求。

也可以在同一个网络中安装多个RADIUS服务器，这样能提供更加有效的认证。

在多RADIUS认证服务器协同工作时，如果路由器向RADIUS认证服务器A发送认证请求后，在一定时间内没有接到响应，它可以向网络中的另一台认证服务器，BPRADIUS认证服务器B发送认证请求。以此类推，直到路由器从某个服务器得到认证为止。如果所有的认证服务器都不可用，那么这次认证就以失败告终。

RADIUS有五个特点：①RADIUS采用UDP协议在客户和服务器之间进行交互。RADIUS服务器的1812端口负责认证和授权，1813端口负责审计工作。②采用共享密钥的形式。这个密钥不经过网络传播，而密码使用 MD5 加密传输，可有效地防止密码被窃取。③重传机制。能够在一个网络内设置多个 RADIUS 服务器，当某一个服务器没有响应时，用户还可以向其他的服务器发送“挑战”请求。当然，如果 RADIUS 服务器的密钥和以前 RADIUS 服务器的密钥不同，则需要重新进行认证。④配置使用简单。要使用 RADIUS，用户需要安装客户端应用程序，申请成为合法用户，并使用自己的账号进行认证。

2.TACACS +

TACACS +是客户机 / 服务器型协议，其服务器维护于一个数据库中，该数据库是由运行在 UNIX 或 Windows 上的 TACACS +监控进程管理的，其端口号是 49。在使用 TACACS +的访问策略前，必须对 TACACS +服务进行配置。

当用户试图访问一个配置了 TACACS +协议的路由器时，开始的认证过程如下：

(1) 路由器在用户与 TACACS +监控进程之间建立连接并传递消息。这是一个交互的过程，路由器从守护进程那里得知需要用户提供什么信息并返回给用户，用户按要求填写完毕后，再经路由器传送给 TACACS +认证服务器。如此反复，直到 TACACS +监控进程得到所有必要的认证信息为止。

(2) TACACS +监控进程根据认证信息的结果向路由器发送响应。响应包括四种：① ACCEPT，认证成功，可以接着做其他的事情；② REJECT，认证失败，拒绝用户的访问；③ ERROR，在认证的过程中出现了错误，认证终止；④ CONTINUE，需要用户提供额外的认证信息。

(3) 认证成功后，还需要进行 TACACS +授权。这依然需要路由器与 TACACS +监控进程建立连接，监控进程会返回两种类型的响应，PREJECT(拒绝访问)和 ACCEPT(允许访问)。

TACACS +提供了分离式模块化的认证、授权和审计管理。它为认证、授权和审计都单独设置了一个访问控制器，也就是监控进程。每个监控进程在维护自己数据库的同时还能够充分利用其他的服务，无论这些服务是位于同一台服务器还是分布在网络中。

TACACS +是通过 AAA 的安全服务来管理的，有以下五个特点：

第一，认证。通过登录和密码对话、“挑战”和响应消息等方式，提供对认证管理的完全控制。TACACS +的认证是可选的，可以根据需要进行设置。TACACS +认证服务能处理与用户的对话，还能向管理机发送消息。此外，TACACS +协议还支持被访问资源与 TACACS +监控进程间的认证功能。

第二，授权。在用户会话期间提供对用户操作能力的细粒度访问控制，包括设置自动执行的命令、访问控制、会话的持续时间或协议等，也可以限制用户在使用认证功能时允许执行的命令。

第三，审计。收集用户审计或报告用户的信息，并将它们发送到 TACACS +监控进程。网络管理员能使用审计功能跟踪用户的活动或提供用户的审计信息。审计信息由用户的身份、执行的命令、登录及退出时间、数据包的数量及数据包的字节等构成。

第四，安全。TACACS＋监控进程与网络设备之间的通信采用了加密的方式，对数据包的所有数据都进行加密，而不像RADIUS那样仅对密码加密。因此，TACACS＋协议是安全的，至少到目前为止，还没有发布针对TACACS＋协议的安全警告。不过TACACS＋协议只是对网络设备与TACACS＋服务间的传输采用了加密的方式，并未对报文信息加密，黑客还是可以使用嗅探软件探测相关的信息。

第五，多种类型的验证方式。TACACS＋可以使用任何由TACACS＋软件支持的认证，即允许TACACS＋客户端采用多种认证协议（如PAP、CHAP、Kerberos等），将多种认证方式结合起来，以提供最大的安全保护。

第四节　数字签名与数字证书

一、数字签名

（一）数字签名与手写签名的区别

数字签名就是通过一个单向函数对要传送的报文进行处理得到的用以认证报文来源并核实报文是否发生变化的一个字母数字串。用这个字符串来代替书写签名或印章，起到与书写签名或印章同样的法律效用。国际社会已开始制定相应的法律、法规，把数字签名作为执法的依据。

目前的数字签名是建立在公开密钥体制基础上，它是公开密钥加密技术的另一类应用。数字签名的使用方式是：报文的发送方从报文文本中生成一个128位或160位的单向散列值（或报文摘要），并用自己的私有密钥对这个散列值进行加密，形成发送方的数字签名，然后，将这个数字签名作为报文的附件和报文一起发送给报文的接收方。报文的接收方首先从接收到的原始报文中计算出散列值（或报文摘要），接着再用发送方的公开密钥来对报文附加的数字签名进行解密，如果这两个散列值相同，那么接收方就能确认该数字签名是发送方的。

通过数字签名能够实现对原始报文鉴别与验证，保证报文的完整性、权威性和发送者对所发报文的不可抵赖性。数字签名机制提供了一种鉴别方法，普遍用于银行、电子贸易等，以解决伪造、抵赖、冒充、篡改等问题。

数字签名与数据加密完全独立。数据可以既签名又加密，只签名，只加密，当然，也可以既不签名也不加密。

数字签名与传统的手写签名有很大的差别。主要有三个：第一，手写签名是被签署文件的物理组成部分，而数字签名不是；第二，手写签名不易拷贝而数字签名正好相反，因此必须阻止一个数字签名的重复使用；第三，手写签名是通过与一个真实的手写签名比较来进行验证，而数字签名是通过一个公开的验证算法来验证。

数字签名的签名算法至少要满足以下条件：签名者事后不能否认；接受者只能验证；任何人不能伪造（包括接受者）；双方对签名的真伪发生争执时，由第三方进行仲裁。

（二）数字签名的性质、要求与分类

1. 数字签名的性质

一种完善的数字签名应满足以下三个条件：

（1）签名者事后不能否认自己的签名。

（2）其他任何人均不能伪造签名，也不能对接收或发送的信息进行篡改、伪造和冒充。

（3）签名必须能够由第三方验证，以解决争议。

2. 数字签名的要求

（1）签名必须是依赖于被签名信息的一个位串模式。

（2）签名必须使用某些对发送者是唯一的信息，以防止双方的伪造与否认。

（3）必须相对容易生成该数字签名。

（4）必须相对容易识别和验证该数字签名。

（5）伪造该数字签名在计算复杂性意义上具有不可行性，既包括对一个已有的数字签名构造新的消息，也包括对一个给定消息伪造一个数字签名。

（6）在存储器中保存一个数字签名副本是现实可行的。

3. 数字签名的分类

（1）按方式分为直接数字签名和仲裁数字签名。

（2）按安全性分为无条件安全的数字签名和计算上安全的数字签名。

（3）按可签名次数分为一次性的数字签名和多次性的数字签名。

（三）数字签名算法

实现数字签名有很多方法，目前数字签名采用较多的是公钥加密技术、应用散列算法（Hash）等。

应用广泛的数字签名方法主要有三种，即 RSA 签名、DSS 签名和 Hash 签名。这三种算法可单独使用，也可综合在一起使用。数字签名是通过密码算法对数据进行加、解密变换实现的，用 DES 算法、RSA 算法都可实现数字签名。但三种技术或多或少都有缺陷，

或者没有成熟的标准。

(1) Hash 签名。Hash 签名不属于强计算密集型算法，应用较广泛。很多少量现金付款系统，如 DEC 的 Millicent 和 CyberCash 的 CyberCoin 等都使用 Hash 签名。使用较快的算法可以降低服务器资源的消耗，减轻中央服务器的负荷。Hash 的主要局限是接收方必须持有用户密钥的副本以检验签名，因为双方都知道生成签名的密钥，较容易攻破，存在伪造签名的可能。如果中央或用户计算机中有一个被攻破，那么其安全性就受到了威胁。

(2)RSA 签名。用 RSA 或其他公开密钥密码算法的最大方便是没有密钥分配问题(网络越复杂、网络用户越多，其优点越明显)。因为公开密钥加密使用两个不同的密钥，其中有一个是公开的，另一个是保密的。公开密钥可以保存在系统目录内、未加密的电子邮件信息中、电话黄页（商业电话）上或公告牌里，网上的任何用户都可获得公开密钥。而私有密钥是用户专用的，由用户本身持有，它可以对由公开密钥加密信息进行解密。

(3) DSS 签名。DSS 数字签名是由美国开发的。由于它是由美国政府颁布实施的，主要用于与美国政府做生意的公司，其他公司则较少使用，它只是一个签名系统。

DSS 和 RSA 采用了公钥算法，不存在 Hash 的局限性。和 Hash 签名相比，在公钥系统中，由于生成签名的密钥只存储于用户的计算机中，安全系数大一些。

二、数字证书

数字证书就是互联网通信中标志通信各方身份信息的一系列数据，提供了一种在网络上验证身份的方式，其作用类似于司机的驾驶执照或日常生活中的身份证。

数字证书是由一个权威机构 CA 机构，又称为证书授权中心发行的，CA 是负责签发证书、认证证书、管理已颁发证书的机关。它要制定政策和具体步骤来验证、识别用户身份，并对用户证书进行签名，以确保证书持有者的身份和公钥的拥有权，CA 也拥有一个证书（内含公钥）和私钥。网上的公众用户通过验证 CA 的签字从而信任 CA，任何人都可以得到 CA 的证书（含公钥），用以验证它所签发的证书。

如果用户想得到一份属于自己的证书，他应先向 CA 提出申请。在 CA 判明申请者的身份后，便为他分配一个公钥，并且 CA 将该公钥与申请者的身份信息绑在一起，为之签字后使形成证书发给申请者。如果一个用户想鉴别另一个证书的真伪，他就用 CA 的公钥对那个证书上的签字进行验证，一旦验证通过，该证书就被认为是有效的。人们可以在网上用它来识别对方的身份。

从证书的用途来看，数字证书可分为签名证书和加密证书。签名证书主要用于对用户信息进行签名，以保证信息的不可否认性；加密证书主要用于对用户传送信息进行加密，以保证信息的真实性和完整性。

数字证书是一个经证书授权中心数字签名的包含公开密钥拥有者信息以及公开密钥的文件。最简单的证书包含一个公开密钥、名称以及证书授权中心的数字签名。一般情况下证书中还包括密钥的有效时间，发证机关（证书授权中心）的名称，该证书的序列号等信息，证书的格式遵循国际标准。

一个标准的数字证书包含以下八项内容：

(1) 证书的版本信息。

(2) 证书的序列号，每个证书都有一个唯一的证书序列号。

(3) 证书所使用的签名算法。

(4) 证书的发行机构名称。

(5) 证书的有效期。

(6) 证书所有人的名称。

(7) 证书所有人的公开密钥。

(8) 证书发行者对证书的签名。

（一）使用数字证书的原因

基于网络的电子商务技术使在网上购物的顾客能够极其方便轻松地获得商家和企业的信息，但同时也增加了对某些敏感或有价值的数据被滥用的风险。买方和卖方都必须保证在网络上进行的一切金融交易运作都是真实可靠的，并且要使顾客、商家和企业等交易各方都具有绝对的信心，因而网络电子商务系统必须保证具有十分可靠的安全保密技术。也就是说，必须保证网络安全的四大要素，即信息传输的保密性、交易者身份的确定性、不可否认性、不可修改性。

(1) 信息传输的保密性。交易中的商务信息均有保密的要求。如信用卡的账号和用户名被人知悉，就可能被盗用，订货和付款的信息被竞争对手获悉，就可能丧失商机。因此在电子商务的信息传播中一般均有加密的要求。

(2) 交易者身份的确定性。网上交易的双方很可能素昧平生，相隔千里。要使交易成功首先要能确认对方的身份，对商家要考虑客户端不能是骗子，而客户也会担心网上的商店不是一个虚拟店铺。因此能方便而可靠地确认对方身份是交易的前提。对于为顾客或用户开展服务的银行、信用卡公司和销售商店，为了做到安全、保密、可靠地开展服务活动，都要进行身份认证的工作。对有关的销售商店来说，它们对顾客所用的信用卡的号码是不知道的，商店只能把信用卡的确认工作完全交给银行来完成。银行和信用卡公司可以采用各种保密与识别方法，确认顾客的身份是否合法，同时还要防止发生拒付款问题以及确认订货和订货收据信息等。

(3) 不可否认性。由于商情的千变万化，交易一旦达成是不能被否认的。否则必然会损害一方的利益。例如订购黄金，订货时金价较低，但收到订单后，金价上涨了，如收单方能否认收到订单的实际时间，甚至否认收到订单的事实，则订货方就会蒙受损失。因此电子交易通信过程的各个环节都必须是不可否认的。

(4) 不可修改性。交易的文件是不可被修改的，如上例所举的订购黄金。供货单位在收到订单后，发现金价大幅上涨了，如其能改动文件内容，将订购数 1 千克改为 1 克，则可大幅受益，那么订货单位可能就会因此蒙受损失。因此电子交易文件也要能做到不可修改，以保障交易的严肃和公正。

人们在感叹电子商务巨大潜力的同时，不得不冷静地思考，在人与人互不见面的计算机互联网上进行交易和作业时，怎么才能保证交易的公正性和安全性，保证交易双方身份的真实性。国际上已经有比较成熟的安全解决方案，那就是建立安全证书体系结构。数字安全证书提供了一种在网上验证身份的方式。安全证书体制主要采用了公开密钥体制，其他还包括对称密钥加密、数字签名、数字信封等技术。

我们可以使用数字证书，通过运用对称和非对称密码体制等密码技术建立起一套严密的身份认证系统，从而保证信息除发送方和接收方外不被其他人窃取；信息在传输过程中不被篡改；发送方能够通过数字证书来确认接收方的身份；发送方对于自己的信息不能抵赖。

用户也可以来用自己的私钥对信息加以处理，由于密钥仅为本人所有，这样就产生了别人无法生成的文件，也就形成了数字签名。

（二）证书和证书授权中心

CA 机构作为电子商务交易中受信任的第三方，承担公钥体系中公钥的合法性检验的责任。CA 中心为每个使用公开密钥的用户发放一个数字证书，数字证书的作用是证明证书中列出的用户合法拥有证书中列出的公开密钥。CA 机构的数字签名使得攻击者不能伪造和篡改证书。它负责产生、分配并管理所有参与网上交易的个体所需的数字证书，因此是安全电子交易的核心环节。

由此可见，建设证书授权（CA）中心，是开拓和规范电子商务市场必不可少的一步。为保证用户之间在网上传递信息的安全性、真实性、可靠性、完整性和不可抵赖性，不仅需要对用户的身份真实性进行验证，也需要有一个具有权威性、公正性、唯一性的机构，负责向电子商务的各个主体颁发并管理符合国内、国际安全电子交易协议标准的电子商务安全证书。

CA 是整个网上电子交易安全的关键环节。它主要负责产生、分配并管理所有参与网上交易的实体所需的身份认证数字证书。每一份数字证书都与上一级的数字签名证书相关联，最终通过安全链追溯到一个已知的并被广泛认为是安全、权威、足以信赖的机构认证中心。

电子交易的各方都必须拥有合法的身份，即由数字证书认证中心机构（CA）签发的数字证书，在交易的各个环节，交易的各方都须检验对方数字证书的有效性，从而解决了用户信任问题。CA 涉及电子交易中交易方的身份信息、严格的加密技术和认证程序。基于其牢固的安全机制，CA 应用可扩大到一切有安全要求的网上数据传输服务。

数字证书认证解决了网上交易和结算中的安全问题，其中包括建立电子商务各主体之间的信任关系，即建立安全认证体系（CA）；选择安全标准（如 SET、SSL）；采用高强度的加 / 解密技术。其中安全认证体系的建立是关键，它决定了网上交易和结算能否安全进行，因此，数字证书认证中心机构的建立对电子商务的开展具有非常重要的意义。

认证中心（CA），是电子商务体系中的核心环节，是电子交易中信赖的基础。它通过自身的注册审核体系，检查核实进行证书申请的用户身份和各项相关信息，使网上交易的用户属性客观真实性与证书的真实性一致。认证中心作为权威的、可信赖的、公正的第三方机构，专门负责发放并管理所有参与网上交易的实体所需的数字证书。

概括地说，认证中心（CA）的功能有证书发放、证书更新、证书撤销和证书验证。CA 的核心功能就是发放和管理数字证书。

认证中心为了实现其功能，主要由以下三部分组成：

（1）注册服务器：通过 WebServer 建立的站点，可为客户提供每日 24 小时的服务。因此客户可在自己方便的时候在网上提出证书申请和填写相应的证书申请表，免去了排队等候等烦恼。

（2）证书申请受理和审核机构：负责证书的申请和审核。它的主要功能是接受客户证书申请并进行审核。

（3）认证中心服务器：是数字证书生成、发放的运行实体，同时提供发放证书的管理、证书废止列表（CRL）的生成和处理等服务。

（三）数字证书的工作流程

每一个用户有一个各不相同的名字，一个可信的证书认证中心（CA）给每个用户分配一个唯一的名字并签发一个包含名字和用户公开密钥的证书。

如果甲想和乙通信，他首先必须从数据库中取得乙的证书，然后对它进行验证。如果他们使用相同的 CA，事情就很简单，甲只须验证乙证书上 CA 的签名。如果他们使用不同的CA，问题就复杂了，甲必须从CA的树形结构底部开始，从底层CA往上层CA查询，一直追踪到同一个 CA 为止，找出共同的信任 CA。

证书可以存储在网络中的数据库中。用户可以利用网络彼此交换证书。当证书撤销后，它将从证书目录中删除，然而签发此证书的 CA 仍保留此证书的副本，以备日后解决可能引起的纠纷。

如果用户的密钥或 CA 的密钥被破坏，从而导致证书的撤销。每一个 CA 必须保留一个已经撤销但还没有过期的证书废止列表（CRL）。当甲收到一个新证书时，首先应该从证书废止列表（CRL）中检查证书是否已经被撤销。

现有持证人甲向持证人乙传送数字信息，为了保证信息传送的真实性、完整性和不可否认性，需要对要传送的信息进行数字加密和数字签名。

（四）数字证书的主要应用

数字安全证书主要应用于电子政务、网上购物、企业与企业的电子贸易、安全电子邮件、网上证券交易、网上银行等方面。CA 中心还可以与企业代码证中心合作，将企业代码证和企业数字安全证书一体化，为企业网上交易、网上报税、网上报关、网上作业奠定基础，免去企业面对众多的窗口服务的苦累。

（1）网上交易。利用数字安全证书的认证技术，对交易双方进行身份确认以及资质的审核，确保交易者信息的唯一性和不可抵赖性，保护了交易各方的利益，实现安全交易。

(2) 网上办公。网上办公系统综合国内政府、企事业单位的办公特点，提供了一个虚拟的办公环境，并在该系统中嵌入数字认证技术，展开网上政文的上传下达，通过网络联结各个岗位的工作人员，通过数字安全证书进行数字加密和数字签名，实行跨部门运作，实现安全便捷的网上办公。

(3) 网上招标。以往的招投标受时间、地域、人文的影响，存在着许多弊病，例如外地投标者的不便、招投标各方的资质，以及招标单位和投标单位之间存在的猫腻。而实行网上的公开招投标，经贸委利用数字安全证书对企业进行身份确认，招投标企业只有在通过经贸委的身份和资质审核后，才可在网上展开招投标活动，从而确保了招投标企业的安全性和合法性，双方企业通过安全网络通道了解和确认对方的信息，选择符合自己条件的合作伙伴，确保网上的招投标在一种安全、透明、信任、合法、高效的环境下进行。通过该网上招投标系统，使企业能够制定正确的投资取向，根据自身的实际情况，选择合适的合作者。

(4) 网上报税。利用基于数字安全证书的用户身份认证技术对网上报税系统中的申报数据进行数字签名，确保申报数据的完整性，确认系统用户的真实身份和申报数据的真实来源，防止出现抵赖行为和他人伪造篡改数据；利用基于数字安全证书的安全通信协议技术，对网络上传输的机密信息进行加密，可以防止商业机密或其他敏感信息泄露。

(5) 安全电子邮件。邮件的发送方利用接收方的公开密钥对邮件进行加密，邮件接收用自己的私有密钥解密，确保了邮件在传输过程中信息的安全性、完整性和唯一性。

第五章　计算机网络防火墙与入侵检测技术

第一节　防火墙及其体系结构

“随着网络技术的不断发展，计算机在我国的普及程度越来越高，从人们的衣食住行到国家经济的发展，各行各业都离不开计算机的使用，我国经济全面进入网络时代。但是在网络快速发展的今天，网络信息安全已经成为社会关注的网络安全问题。”防火墙与入侵检测技术是目前网络安全界最为热门的两大话题，它们在不同的位置给了网络一定的保护能力。

一、防火墙的作用与设计原则

防火墙原是防止火灾从建筑物的一部分传播到另一部分的设施，从理论上讲，计算机网络中的防火墙服务也有类似目的，它防止网络上的危险传播到用户网络内部。

防火墙是一个或一组网络设备，可用来在两个或多个网络间加强访问控制，在内部网与外部网之间的界面构造一个保护层，并强制所有的连接都必须经过此保护层，在此进行检查和连接。只有被授权的通信才能通过此保护层，从而保护内部网资源免遭非法入侵。

防火墙已成为实现网络安全策略的最有效工具之一，并被广泛地应用到网络上。传统上防火墙基本分为两大类，即采用应用网关的应用层防火墙和采用过滤路由器的网络层防火墙，其结构模型可划分为策略和控制两部分，策略是指是否赋予服务请求者相应的访问权限，控制对授权访问者的资源存取进行控制。

一方面，防火墙可以是路由器，也可以是个人主机、主系统和一批主系统，专门把网络或子网同那些可能被子网外的主系统滥用的协议和服务隔绝。通常，防火墙位于等级较高的网关，但是也可以位于等级较低的网关，以便为某些数量较少的主系统或子网提供保护。

另一方面，防火墙不只是一种路由器、主系统或一批向网络提供安全性的系统。相反，防火墙是一种获取安全性的方法，它有助于实施一个比较广泛的安全性政策，用以确定允许提供的服务和访问。就网络配置、一个或多个主系统和路由器以及其他安全性措施（如代替静态口令的先进验证）来说防火墙是该政策的具体实施。防火墙系统的主要用途是控制对受保护的网络（网点）的往返访问，它实施网络访问政策的方法，迫使各连接点必须通过能进行检查和评估的防火墙。

（一）防火墙的重要作用

引入防火墙是因为传统的子网系统会把自身暴露给不安全的服务，并受到网络上其他地方的主系统的试探和攻击，在没有防火墙的环境中，网络安全性完全依赖主系统安全性。在一定意义上，所有主系统必须通力协作来实现均匀一致的高级安全性。子网越大把所有主系统保持在相同安全性水平上的可管理能力就越小。随着安全性的失误和失策越来越普遍，闯入时有发生，这不是因为受到多方的攻击，而是因为配置错误或口令不适当而造成的。

防火墙能提高主机整体的安全性，给站点带来了诸多好处，具体如下：

(1) 保护易受攻击的服务。防火墙可以提高网络安全性，并通过过滤不安全的服务来降低子网上主系统所冒的风险。因此，子网网络环境可经受较少的风险，因为只有经过选择的协议才能通过防火墙。这样得到的好处是可防护这些服务不会被外部攻击者利用，而同时允许在降低被外部攻击者利用的风险的情况下使用这些服务。对局域网特别有用的服务如 NIS 或 NFS，因而可得到公用，并用来减轻主系统管理负担。防火墙还可以防护基于路由选择的攻击，如源路由选择和企图通过 ICMP 改向把发送路径转向遭致损害的网点。防火墙可以排斥所有源点发送的包和 ICMP 改向，然后把偶发事件通知管理人员。

(2) 控制访问网点系统。防火墙还有能力控制对网点系统的访问，如某些主系统可以由外部网络访问，而其他主系统则能有效地封闭起来，防护有害的访问。除了邮件服务器或信息服务器等特殊情况外，网点可以防止外部对其主系统的访问。这就把防火墙执行的访问政策置于重要地位，不访问不需要访问的主系统或服务。

(3) 集中安全性。如果一个子网的所有或大部分需要改变的软件以及附加的安全软件能集中地放在防火墙系统中，而不是分散到每个主机中，这样的防火墙的保护集中一些。尤其对密码口令系统或其他的身份认证软件，放在防火墙系统中更是优于放在每个 Internet 能访问的机器上。

(4) 增强的保密能强化私有权。对一些站点而言，私有性是很重要的。使用防火墙系统，站点可以防止 Finger 以及 DNS 域名服务。Finger 会列出当前使用者名单，他们上次登录的时间以及是否读过邮件。但 Finger 同时会不经意地告诉攻击者该系统的使用频率，是否有用户正在使用，以及是否可能发动攻击而不被发现。防火墙也能封锁域名服务信息，从而使 Internet 外部主机无法获取站点名和 IP 地址。通过封锁这些信息，可以防止攻击者从中获得另一些有用信息。

(5) 有关网络使用、滥用的记录和统计。如果对 Internet 的往返访问都通过防火墙，那么，防火墙可以记录各次访问，并提供有关网络使用率的有价值的统计数字。如果一个防火墙能在可疑活动发生时发出音响报警，则还提供防火墙和网络是否受到试探或攻击的细节。采集网络使用率统计数字和试探的证据是很重要的，尤为重要的是可以知道防火墙能否抵御试探和攻击，并确定防火墙上的控制措施是否得当。

(6) 防火墙可提供实施和执行网络访问政策的工具。事实上，防火墙可向用户和服务提供访问控制，网络访问政策可以由防火墙执行，如果没有防火墙，这样一种政策完全取决于用户的协作。网点也许能依赖其自己的用户进行协作，但是一般情况下无法实现。

计算机网络随时受到各种非法手段的威胁。随着网络覆盖范围的扩大，安全成为任何一个计算机系统正常运行并发挥作用的必须考虑和必然选择。尤其在当今网络互联的环境中，网络安全体系结构的考虑和选择显得尤为重要。采用防火墙网络安全体系结构是一种简单有效的选择方案。

（二）防火墙的设计原则

从某种意义上来说，防火墙实际上代表了一个网络的访问原则。某个网络决定设定防火墙，先要由网络决策人员及网络专家共同决定本网络的安全策略，即确定哪些类型的信息允许通过防火墙，哪些类型的信息不允许通过防火墙。防火墙的职责根据本单位的安全策略，对外部网络与内部网络交流的数据进行检查，符合的予以放行，不符合的拒之门外。

l. 网络政策

有两级网络政策会直接影响防火墙系统的设计、安装和使用。高级政策是一种专用发布的网络访问政策，它用来定义那些受限制的网络许可或明确拒绝的服务，以及如何使用这些服务和这种政策的例外条件。低级政策描述防火墙，实际上是如何尽力限制访问，并过滤在高层政策所定义的服务。

(1) 服务访问政策。服务访问政策应当是整个机构有关保护机构信息资源政策的延伸。要使防火墙取得成功，服务访问政策必须既切合实际，又稳妥可靠，而且应当在实施防火墙前草拟出来。切合实际的政策是一个平衡的政策，既能防护网络免受已知风险，而且仍能使用户利用网络资源。如果防火墙系统拒绝或限制服务，那么，它通常要求服务访问政策有能力来防止防火墙的访问控制措施不会受到带针对性的修改，只有一个管理得当的稳妥可靠政策才能做到这一点。

防火墙实施各种不同的服务访问政策，但是，一个典型的政策不允许从 Internet 访问网点，但要允许从网点访问 Internet；另一个典型政策是允许从 Internet 进行某些访问，但是或许只许可访问经过选择的系统，如信息服务器和电子邮件服务器。防火墙常常实施允许某些用户从 Internet 访问经过选择的内部主系统的服务访问政策，但是，这种访问只是在必要时，而且只能与先进的验证措施组合时才允许进行。

(2) 防火墙设计政策。防火墙设计政策是防火墙专用的。它定义用来实施服务访问政策的规则。一个人不可能在完全不了解防火墙的能力和限制，以及与 TCP/IP 相关联的威胁和易受攻击性等问题的真空条件下设计这一规则。防火墙一般实施两个基本设计方针之一：①拒绝访问除明确许可以外的任何一种服务，即拒绝一切未予特许的东西；②允许访问除明确拒绝以外的任何一种服务，即允许一切未被特别拒绝的东西。

如果防火墙采取第一种安全控制的方针，那么需要确定所有可以被提供的服务以及它们的安全特性，然后开放这些服务，并将所有其他未被列入的服务排斥在外，禁止访问。如果防火墙采取第二种安全控制的方针，则正好相反，需要确定不安全的服务，禁止其访问；而其他服务则被认为是安全的，允许访问。

比较服务访问政策和防火墙设计政策可以看出，服务访问政策比较保守，遵循“我们所不知道的都会伤害我们”的观点，因此能提供较高的安全性。但是，这样一来，能穿过防火墙为我们所用的服务，无论在数量上还是类型上，都受到很大的限制。防火墙设计政策则较灵活，虽然可以提供较多的服务，但是，所存在的风险也比服务访问政策大。

对于防火墙设计政策，还有一个因素值得考虑，即受保护网络的规模。当受保护网络的规模越来越大时，对它进行完全监控就会变得越来越难。因此，如果网络中某成员绕过防火墙向外提供被防火墙所禁止的服务，网络管理员就很难发现。因此，采用第二种政策的防火墙不仅要防止外部人员的攻击，而且要防止内部成员不管是有意还是无意的攻击。

总的来说，从安全性的角度考虑，服务访问政策更可取一些；而从灵活性和使用方便性的角度考虑，则防火墙设计政策更适合。

2. 先进的验证工具

入侵者通过监视Internet来获取明文传输的口令，这一事实反映传统的口令已经过时。先进的验证措施，如智能卡、验证令牌、生物统计学和基于软件的工具被用来克服传统口令的弱点。尽管验证技术各不相同，但都是相类似的，因为由先进验证装置产生的口令，不能由监视连接的攻击者重新使用。如果 Internet 上的口令问题是固有的话，那么，一个可访问 Internet 的防火墙，如果不使用先进验证装置或不包含使用先进验证装置的挂接工具，则是几乎没有意义的。

当今使用的一些比较流行的先进验证装置叫作一次性口令系统，如智能卡或验证牌产生一个主系统，用来取代传统口令的响应信号。令牌或智能卡是与主系统上的软件或硬件协同工作，因此产生的响应对每次注册都是独一无二的，其结果是一种一次性口令。这种口令如果进行监控的话，就不可能被侵入者重新使用来获得某一账号。

由于防火墙可以集中控制网点访问，因而防火墙是安装先进的验证软件或硬件的合理场所。虽然先进验证措施可用于每个主系统，但是把各项措施都集中到防火墙更切合实际，更便于管理。如果主系统不使用先进验证措施，则入侵者可能揭开口令奥秘，或者能监视网络进行的包括有口令的注册对话。

在设计防火墙时，除了安全策略以外，还要确定防火墙类型和拓扑结构。一般来说，防火墙被设置在可信赖的内部网络和不可信赖的外部网络之间，相当于一个控流器，可用来监视或拒绝应用层的通信业务。防火墙也可以在网络层和传输层运行，在这种情况下，防火墙检查进入和离去的报文分组的 IP 和 TCP 头部，根据预先设计的报文分组过滤规则来拒绝或允许报文分组通过。

一个防火墙为了提供稳定可靠的安全性，必须跟踪流经它的所有通信信息。为了达到控制目的，防火墙首先必须获得所有通信层和其他应用的信息，然后存储这些信息，还要能够重新获得以及控制这些信息。防火墙仅检查独立的信息包是不够的，因为状态信息——以前的通信和其他应用信息是控制新的通信连接的最基本的因素。对于某一通信连接，通信状态和应用状态是对该连接做控制决定的关键因素。因为了保证高层的安全，防火墙必须能够访问、分析和利用的信息：①通信信息：所有应用层的数据包的信息；②通信状态：以前的通信状态信息；③来自应用的状态：其他应用的状态信息；④信息处理：基于以上所有元素的灵活的表达式的估算。

首先，安装防火墙的位置是内部网络与外部 Internet 的接口处，以阻挡来自外部网络的入侵；其次，如果内部网络规模较大，并且设置有虚拟局域网（VLAN），则应该在各个 VLAN 之间设置防火墙；最后，通过公网连接的总部与各分支机构之间也应该设置防火墙，如果有条件，还应该同时将总部与各分支机构组成虚拟专用网（VPN）。

安装防火墙的基本原则是：只要有恶意侵入的可能，无论是内部网络还是与外部公网的连接处，都应该安装防火墙。

二、防火墙的类型

实现防火墙的技术包括四大类：网络层防火墙（又称为包过滤型防火墙或报文过滤网关）、电路层防火墙（又称为线路层网关）、应用层防火墙（又称为代理服务器）和状态检测防火墙。

（一）网络层防火墙

网络层防火墙是最简单的防火墙，通常只包括对源和目的 IP 地址及端口的检查。包过滤型防火墙的技术依据是网络中的分包传输技术。网络上的数据都是以包为单位进行传输的，数据被分割成为一定大小的数据包，每一个数据包中都会包含一些特定信息，如数据的源地址、目标地址、TCP/UDP 源端口和目标端口。防火墙通过读取数据包中的地址信息来判断这些包是否来自可信任的安全站点，一旦发现来自危险站点的数据包，防火墙便会将这些数据拒之门外。系统管理员可以根据实际情况灵活制定判断规则。对用户来说，这些检查是透明的。过滤器通常是放在路由器上，大多数路由器都默认地提供了报文过滤功能。

报文过滤网关在收到报文后，先扫描报文头，检查报文头中的报文类型、源IP地址、目的 IP 地址和目的 TCP/UDP 端口等域，然后将规则库中的规则应用到该报文头上，以决定是将此报文转发出去还是丢弃。许多过滤器允许管理员分别定义基于路由器上的报文出去界面和进来界面的规则，这样能增强过滤器的灵活性。

目前所使用的报文过滤网关绝大多数是由包过滤路由器来充当的，一个包过滤路由器可以决定它收到的每个包的取舍。路由器逐一审查每份数据报，以判定它是否与某个包过滤规则相匹配。通常，过滤规则以用于 IP 报文处理的包头信息为基础，用表格的形式表示，其中包括以某种次序排列的条件和动作序列。包头信息包括 IP 源地址、IP 目的地址、封装协议、TCP/UDP 源端口、TCP/UDP 目的端口、ICMP 报文类型、包输入接口和包输出接口。如果找到一个匹配，且规则允许这包，这一包则根据路由表中的信息前行；如果找到一个匹配，且规则拒绝此包，这一包则被舍弃。如果无匹配规则，一个用户配置的默认参数将决定此包是前行还是被告弃。有些报文过滤在实现时，“动作”这一项还询问，若报文被丢弃是否要通知发送者。

IP 包过滤器不可能对通信提供足够的控制，包过滤路由器可以允许或拒绝一项特别的服务，但它不能理解一项特别服务的上下文数据。例如，一个网络管理员可能在应用层过滤信息流以限制对 FTP 的命令子集的访问，或封锁邮件或特定专题的信息群的输入，这类控制最好由代理服务和应用层网关在高层执行。

网络层防火墙的优点包括：①对于所有应用可采用统一的认证协议；②对于每个终端主机无须多余认证；③造成的性能下降较小；④防火墙的崩溃和恢复不会影响开放的 TCP 连接；⑤路由改变也不会影响 TCP 连接；⑥它与应用无关；⑦不存在单个可导致失败的点。

包过滤技术的优点是简单实用，实现成本低，在应用环境比较简单的情况下，能够以较小的代价在一定程度上保证系统的安全。但是，这种简单性带来了一个严重的问题：过滤器不能在用户层次上进行安全过滤，即在同一台机器上，过滤器分辨不出是四个用户的报文。因为包过滤技术是一种完全基于网络层的安全技术，所以只能根据数据包的来源、目标和端口等网络信息进行判断，无法识别基于应用层的恶意侵入，如恶意的 Java 小程序以及电子邮件中附带的病毒。有经验的黑客很容易伪造 IP 地址，骗过包过滤型防火墙。现在已出现了智能报文过滤器，它与简单报文过滤器相比，具有解释数据流的能力。然而，智能报文过滤器同样不能对用户进行区分。

对于网络层防火墙有许多设计难题需要解决，尤其在多防火墙、非对称路由、组播和性能方面如此。

（二）电路层防火墙

电路层防火墙与网络层防火墙相似，但它能在 OSI 协议栈的不同层次上工作。因为电路层防火墙是在 OSI 模型中会话层上来过滤数据包，所以比包过滤防火墙要高两层。电路层防火墙用来监控受信任的客户或服务器与不受信任的主机间的 TCP 握手信息，这样来决定该会话是否合法。对于远程机器来说，所有从电路层防火墙传出来的连接好像都是由防火墙产生的，这样，就可以隐藏受保护网络中的信息。

实际上电路层防火墙并非作为一个独立的产品存在，它与其他的应用层网关结合在一起。另外，电路层防火墙还提供一个重要的安全功能——代理服务器。代理服务器是个防火墙，在其上运行一个叫作“地址转移”的进程，来将所有内部的 IP 地址映射到一个“安全”的IP地址，这个地址是由防火墙使用的。但是，作为电路层防火墙也存在着一些缺陷，防火墙在会话层工作的，它就无法检查应用层的数据包。

（三）应用层防火墙

应用层防火墙属于两种概念上的防火墙。应用层防火墙能够检查进出的数据包，通过网关复制传递数据，防止在受信任服务器和客户机与不受信任的主机间直接建立联系。应用层防火墙能够理解应用层上的协议，能够做复杂一些的访问控制，并做精细的注册和审核。但每一种协议需要相应的代理软件，使用时工作量大，效率不如网络层防火墙。

应用层网关并不是用一张简单的访问控制列表来说明，哪些报文或会话允许通过，哪些不允许通过，而是运行一个接受连接的程序。在确认连接前，先要求用户输入口令，以进行严格的用户认证，然后向用户提示所连接的主机的有关信息。这样必须为每个应用配上网关程序。从某种意义上说，应用层网关比报文过滤网关和电路层网关有更多的局限性。但是，对于大多数环境来说，应用层网关比其他两种网关能提供更高的安全性，因为它能进行严格的用户认证，以确保所连接的对方是否名副其实。另外，一旦知道了所连接的对方的身份，就能进行基于用户的其他形式的访问控制，如限制连接的时间、连接的主机及使用的服务。由于前两种防火墙不具有用户认证的能力，因此，许多人认为应用层防火墙才是真正的防火墙。

应用层网关是目前最安全的防火墙技术，但实现起来比较困难，而且有的应用层网关缺乏“透明度”。在实际使用中，用户在受信任的网络上通过防火墙访问 Internet 时，经常会发现存在延迟，并且必须进行多次登录才能访问 Internet 或 Intranet。

应用层防火墙可以处理存储转发通信业务，也可以处理交互式通信业务。通过适当的程序设计，应用层防火墙可以理解在用户应用层的通信业务，这样便可以在用户层或应用层提供访问控制，并且可以用来对各种应用程序的使用情况维持一个智能性的日志文件。在需要时，防火墙本身还可以增加额外的安全措施。

（四）状态检测防火墙

状态检测防火墙是新一代的防火墙技术，它监视每一个有效连接的状态，并根据这些信息决定网络数据包是否能够通过防火墙。状态检测防火墙在协议栈底层截取数据包，然后分析这些数据包，并且将当前数据包及状态信息和前一时刻的数据包及其状态信息进行比较，从而得到该数据包的控制信息，来达到保护网络安全的目的。和应用网关不同，状态检测防火墙使用用户定义的过滤规则，不依赖预先定义的应用信息，执行效率比应用网关高，而且它不识别特定的应用信息，因此不用对不同的应用信息制定不同的应用规则，伸缩性好。

状态检测防火墙的实现是通过不断开客户机 / 服务器的模式而提供一个完全的应用层感知，信息包在网络层就被截取了，然后防火墙从接收到的数据包中提取与安全策略相关的状态信息，将这些信息保存在一个动态状态表中，目的是验证后续的连接请求，提供一个高安全性的方案，系统执行效率提高了，还具有很好的伸缩性和扩展性。状态检测防火墙的优点如下：

（1）安全性高。状态检测防火墙工作在数据链路层和网络层之间，它从这里截取数据包，因为数据链路层是网卡工作的真正位置，网络层是协议栈的第一层，这样防火墙确保了截取和检查所有通过网络的原始数据包。防火墙截取到数据包就处理它们，首先根据安全策略从数据包中提取有用信息，保存在内存中；然后将相关信息组合起来，进行一些逻辑或数学运算，获得相应的结论，进行相应的操作。状态检测防火墙虽然工作在协议栈较低层，但它监测所有应用层的数据包，从中提取有用信息，如IP地址、端口号、数据内容，这样安全性得到很大的提高。

（2）高效性。状态检测防火墙工作在协议栈的较低层，通过防火墙的所有的数据包都在低层处理，而不需要协议栈的上层处理任何数据包，这样减少了高层协议头的开销，执行效率提高很多。此外，在这种防火墙中一旦一个连接建立起来，就不用再对这个连接做更多工作，系统可以去处理别的连接，执行效率明显提高。

（3）可伸缩性和易扩展性。状态检测防火墙不像应用网关式防火墙那样，每一个应用对应一个服务程序，这样所能提供的服务是有限的，而且当增加一个新的服务时，必须为新的服务开发相应的服务程序，这样系统的可伸缩性和可扩展性降低。状态检测防火墙不区分每个具体的应用，只是根据从数据包中提取出的信息、对应的安全策略及过滤规则处理数据包，当有一个新的应用时，它能动态产生新的应用的新规则，而不用另外写代码，所以具有很好的伸缩性和扩展性。

（4）应用范围广。状态检测防火墙不仅支持基于UDP的应用，而且支持基于无连接协议的应用，如RPC、基于UDP的应用。对于无连接的协议，连接请求和应答没有区别，包过滤防火墙和应用网关对此类应用可能不支持，可能开放一个大范围的UDP端口，暴露了内部网，降低了安全性。

状态检测防火墙对基于UDP应用安全的实现，通过在UDP通信之上保持一个虚拟连接来实现。防火墙保存通过网关的每一个连接的状态信息，允许穿过防火墙的UDP请求包被记录，当UDP包在相反方向上通过时，依据连接状态表确定该IDP包是否被授权的，若已被授权，则通过，否则拒绝。如果在指定的一段时间内响应数据包没有到达，连接超时，则该连接被阻塞，所有的攻击都被阻塞，UDP应用也安全实现。

状态检测防火墙支持RPC，对于RPC服务来说，其端口号是不定的，因此简单地跟踪端口号不能实现该种服务的安全，状态检测防火墙通过动态端口映射图记录端口号，为验证该连接还保存连接状态、程序号，通过动态端口映射图来实现此类应用的安全。

三、防火墙的主机——堡垒主机

堡垒主机指的是任何对网络安全至关重要的防火墙主机，堡垒主机是一个组织机构网络安全的中心主机，因此必须进行完善的防御。堡垒主机是由网络管理员严密监视的，堡垒主机软件与系统的安全情况应该定期地进行审查。对访问记录应进行查看，以发现潜在的安全漏洞和对堡垒主机的试探性攻击。堡垒主机最简单的设置，是作为外部网络通信业务的第一个也是唯一的一个入口点。

堡垒主机的硬件平台执行的是其操作系统的一个“安全”版本，这个版本经过特别设计，用以防止操作系统受损和确保防火墙的整体性。只有网络管理员认为是必需的服务才被设置在堡垒主机内。一般来说，只有为数不多的几个代理应用程序子集被设置在堡垒主机。在用户被允许访问代理服务之前，堡垒主机还需要进一步的认证。例如，线路层网关常常用于网络连接，系统管理员将它们委托给内部用户。

堡垒主机使用应用层功能，来确定允许或拒绝来自或发向外部网络的请求。如该请求通过了堡垒主机的严格审查，它将被作为进来的信息转发到内部网络上。对于通向外部的网络的信息，该请求被转发到筛选路由器。

（一）堡垒主机的类型

堡垒主机一般有以下三种类型：

（1）无路由双重宿主主机。无路由双重宿主主机有多个网络接口，但这些接口间没有信息流。主机本身可以作为一个防火墙，也可以作为一个更复杂的防火墙的一部分。无路由双重宿主主机的大部分配置类似于其他堡垒主机，但是用户必须确保它没有路由。如果无路由双重宿主主机是一个防火墙，那么它可以运行堡垒主机的例行程序。

（2）牺牲品主机。有些用户可能想用一些无论使用代理服务，还是包过滤都难以保障安全的网络服务或者一些对其安全性没有把握的服务。针对这种情况，使用牺牲品主机非常有用（也称替罪羊主机）。牺牲品主机是一种上面没有任何信息需要保护的主机，同时它又不与任何入侵者想要利用的主机相连。用户只有在使用某种特殊服务时才需要用到它。

牺牲品主机除了可让用户随意登录外，其配置基本上与其他堡垒主机一样。用户在堡垒主机上存有尽可能多的服务与程序。但是出于安全性考虑，牺牲品主机不可随意满足用户的要求，否则会使用户越来越信任牺牲品主机而违反设置牺牲品主机的初衷。牺牲品主机的主要特点是易于被管理，即使被侵袭也不妨碍内部网的安全。

（3）内部堡垒主机。在大多数配置中，堡垒主机可与某些内部主机有特殊的交互。例如，堡垒主机可传送电子邮件给内部主机的邮件服务器，传送 Usenet 新闻给新闻服务器、与内部域名服务器协同工作。这些内部主机其实是有效的次层堡垒主机，对它们就应像保护堡垒主机一样加以保护。可以在它上面多放一些服务，但对它们的配置必须遵循与堡垒主机一样的过程。

（二）堡垒主机建设时的考虑因素

1. 操作系统

用户应该选择较为熟悉的、较为安全的操作系统作为堡垒主机的操作系统，一个配置好的堡垒主机是一个具有高度限制性的操作环境的软件平台，对它的进一步开发与完善最好在其他机器上完成后再移植，这样做也为开发器间内部网的其他外设与机器交换信息提供了方便。

用户需要能够可靠地提供一系列网络服务的机器，这些服务能够为多个用户同时工作。如果用户的网点全部使用 MS-DOS、Windows 或者 Macintosh 系统，这时便会发现还需要其他平台作为用户的堡垒主机。由于 UNIX 是能提供 Internet 服务的最流行操作系统，当堡垒主机在 UNIX 操作系统运行时，有大量现成的工具可以使用，在没有发现更好的操作系统之前，可选用 UNIX 作为堡垒主机的操作系统。同时，在 UNIX 下面也易于找到建立堡垒主机的工具软件。也可以选择其他操作系统，但要考虑对以后的工作的影响。

2. 机器速度

作为堡垒主机的计算机并不要求有很高的速度，实际上，选用功能并不十分强大的机器作为堡垒主机反而更好。除了经费问题外，选择机器只要物尽其用即可，因为在堡垒主机上提供的服务运算量并不很大。

堡垒主机上的运算量不大，对其运算速度的要求由它的内部网和外部网的速度决定。网络在 56KB/s（T1 干线）速度下，处理电子邮件、DNS、FTP 和代理服务并不占用很多 CPU 资源。但是如果在堡垒主机上运行具有压缩 / 解压功能的软件和搜索服务，或有可能同时为几十个用户提供代理服务，那就需要更高速的机器了。如果站点在网络上常受欢迎，那么对外的服务也很多，也就需要速度较快的机器来充当堡垒主机。针对这种情况，也可使用多堡垒主机结构。

四、防火墙的自身安全

（一）防火墙自身安全的重要性

基于以上对防火墙的介绍与分析，防火墙对于网络信息安全的重要性不难总结出来。如果防火墙自身遭到攻击，网络主机和大量的内部信息却比不架设防火墙的情况还要容易遭到攻击。

网络攻击从攻击的目的可以分为两大类：对网络主机的攻击、对信息的窃取和修改。

对网络主机的攻击认为是一种相对浅表的攻击，攻击发起者的主要目的，不是针对网络主机的某一项或多项敏感数据，而是以“攻占”主机为最终的目的。攻击动机很多，某些人以此为乐，某些人是为了显示某项技能或者能力。这种攻击所造成的危害相对较小，但是仍然不可忽视，主机“占领”后的下一步很可能就是窃取主机内的信息，或者以这台主机作为桥梁，向新的主机或网络发起攻击，而且往往会导致网络异常或者中断，也可能造成工作的延缓甚至不可挽回的损失。

防火墙一直是主机热衷的攻击对象，防火墙是网络主机中防守最为严密的，如果“占领”防火墙主机，无异于占领了整个网络。对信息的窃取和修改是网络黑客的最终目的，这种攻击通常以前一种攻击作为基础，当然也可以“瞒天过海”，比如用“IP 欺骗”的方法透过防火墙或者其他认证系统的检验而非法获取敏感数据。敏感数据的丢失或者被非法篡改将导致巨大的损失，可能会导致企业的工作停止、管理混乱，从而造成巨大的经济损失；对于国家政府机关或军队，将可能导致泄密，严重影响国家利益和尊严。

内部网或者内部网络中的敏感数据通常由防火墙来保护，外部人员如果不经过防火墙将难以“看见”和到达内部网络，所以网络攻击者或入侵者必须攻克第一道防火墙。

综上所述，不论攻击者的目的如何，防火墙的自身安全必须高度重视。

另外，由于安全策略的失误或管理不善或工作人员的疏忽，造成网络内部的泄密或者“后门”同样产生防火墙的自身安全问题。所以，防火墙作为内部网和外部网之间的门户，网络安全保障的“主角”，自身安全问题成为我们高度重视的问题，同时也是网络安全策略中的重要部分。

（二）防火墙自身安全的检测技术

早期中大型的计算机系统中都收集审计信息来建立跟踪文件，审计跟踪的目的大多是为了性能测试或计费，因此对攻击检测提供的有用信息比较少；最主要的困难在于审计信息粒度的安排，审计信息粒度较细时，数据过于庞大和细节化，而由于审计跟踪机制所提供的信息的数据量过于巨大，有用的信息淹没在其中。因此，对人工检查由于不可行而毫无意义。

对于攻击企图 / 成功攻击，被动审计的检测程度是不能保证的。通用的审计跟踪能提供用于攻击检测的重要信息，例如什么人运行了什么程序，何时访问或修改过哪些文件；使用过内存和磁盘空间的数量；但也可能漏掉重要的与攻击检测相关的信息。为了使通用的审计跟踪用于攻击检测安全目的，必须配备自动工具对审计数据进行分析，以期尽早发现可疑事件或行为的线索，给出报警或对抗措施。

1. 防火墙自身安全检测技术的发展

为了从大量的、有时是冗余的审计跟踪数据中提取出对安全功能有用的信息，基于计算机系统审计跟踪信息设计和实现的系统安全自动分析或检测工具是很必要的，可以用以从中筛选出涉及安全的信息，其思路与流行的数据挖掘技术是类似的。

基于审计的自动分析检测工具是脱机的，指分析工具非实时地对审计跟踪文件提供的信息进行处理，从而得到计算机系统是否受到过攻击的结论，并且提供尽可能多的攻击者的信息；也可以是联机的，指分析工具实时地对审计跟踪文件提供的信息进行同步处理，当有可疑的攻击行为时，系统提供实时的警报，在攻击发生时提供攻击者的有关信息，其中包括攻击企图指向的信息。

在安全系统中，需要至少考虑三类安全威胁，分别是外部攻击、内部攻击和授权滥用。攻击者来自该计算机系统的外部时称作外部攻击；当攻击者是有权使用计算机，但无权访问某些特定的数据、程序或资源的人意图越权使用系统资源时视为内部攻击，包括假冒者、秘密使用者；特权滥用者也是计算机系统资源的合法用户，表现为有意或无意地滥用他们的特权。

通过审计试图登录的失败记录，发现外部攻击者的攻击企图；通过观察试图连接特定文件、程序和其他资源的失败记录发现内部攻击者的攻击企图，如可通过为每个用户单独建立的行为模型和特定行为的比较来检测发现假冒者；但要通过审计信息来发现授权滥用者是很困难的。

基于审计信息的攻击检测，特别难于防范内部人员的攻击；攻击者通过使用某些系统特权或调用比审计本身更低级的操作来逃避审计。对于那些具备系统特权的用户，需要审查所有关闭或暂停审计功能的操作，通过审查被审计的特殊用户或者其他的审计参数来发现。审查更低级的功能，如审查系统服务或核心系统调用通常比较困难，通用的方法很难奏效，需要专用的工具和操作才能实现。

总之，为了防范隐秘的内部攻击，需要在技术手段之外确保管理手段有效，技术上则需要监视系统范围内的某些特定的指标，并与通常情况下它们的历史记录进行比较来发现它。

2. 攻击检测技术的类型划分

(1) 检测隐藏的非法行为。基于审计信息的脱机攻击检测工作以及自动分析工具可以向系统安全管理员报告此前一天计算机系统活动的评估报告。对攻击的实时检测系统的工作原理是基于对用户历史行为的建模以及早期的证据或模型的基础，审计系统实时地检测用户对系统的使用情况，根据系统内部保持的用户行为的概率统计模型进行监测，当发现有可疑的用户行为发生时，保持跟踪并监测、记录该用户的行为。

互联网演示和评估系统（Internet Demonstration and Evaluation System，IDES）是一个典型的实时检测系统，IDES 系统能根据用户以前的历史行为决定用户当前的行为是否合法，系统根据用户的历史行为生成每个用户的历史行为记录库。IDES 更有效的功能是能够自适应地学习被检测系统中每个用户的行为习惯，当某个用户改变他的行为习惯时，这种异常就会被检测出来。目前 IDES 中已经实现的监测基于两方面：①一般项目：例如 CPU 的使用时间，I/O 的使用通道和频率，常用目录的建立与删除，文件的读写、修改、删除以及来自局域网的行为；②特定项目：包括习惯使用的编辑器和编译器、最常用的系统调用、用户 ID 的存取、文件和目录的使用。

IDES 除了能够实时地监测用户的异常行为，还具备处理自适应的用户参数的能力。在类似 IDES 的攻击检测系统中，用户行为的各方面用来作为区分行为正常或不正常的特征。例如，某个用户通常是在正常的上班时间使用系统，则偶然的加班使用系统会被 IDES 报警。根据这个逻辑，系统能够判断使用行为的合法或可疑。显然这种逻辑有“打击扩大化 / 缩小化”的问题。当合法的用户滥用他们的权力时 IDES 无效。这种办法同样适用于检测程序的行为以及对数据资源（如文件或数据库）的存取行为。

(2) 基于神经网络的攻击检测技术。IDES 类的基于审计统计数据的攻击检测系统具有一些天生的弱点，因为用户的行为非常复杂，所以想要准确匹配一个用户的历史行为和当前的行为相当困难。错发的警报来自对审计数据的统计算法所基于的不准确的假设。

作为改进的策略之一，可以利用和发展神经网络技术来进行攻击检测。神经网络可能用于解决传统的统计分析技术所面临的一般问题：①难于建立确切的统计分布；②难于实现方法的普适性；③算法实现比较昂贵；④系统臃肿难于剪裁。目前，神经网络技术提出是基于传统统计技术的攻击检测方法的改进方向，但尚不十分成熟，所以传统的统计方法仍将继续发挥作用，也仍然能为发现用户的异常行为提供有参考价值的信息。

(3) 基于专家系统的攻击检测技术。进行安全检测工作自动化的另外一个值得重视的研究方向就是基于专家系统的攻击检测技术，即根据安全专家对可疑行为的分析经验来形成一套推理规则，然后再在此基础之上构成相应的专家系统，由此专家系统自动地对所涉及的攻击操作进行分析工作。

专家系统是基于一套由专家经验事先定义的规则的推理系统，如在数分钟之内某个用户连续进行登录，且失败超过三次被认为是一种攻击行为。类似的规则统计系统似乎也有，同时，这说明基于规则的专家系统或推进系统也有其局限性，作为这类系统的基础的推理规则，一般都是根据已知的安全漏洞进行安排和策划的，而对系统的最危险的威胁则主要是来自未知的安全漏洞。

实现一个基于规则的专家系统是一个知识工程问题，而且其功能应当能够随着经验的积累，而利用其自学习能力进行规则的扩充和修正。当然这样的能力需要在专家的指导和参与下才能实现，否则可能同样会导致较多的错报现象。一方面，推理机制使得系统面对一些新的行为现象时，可能具备一定的应对能力；另一方面，攻击行为也可能不会触发任何一个规则，从而不被检测到。专家系统对历史数据的依赖性比基于统计技术的审计系统少，因此系统的适应性比较强，可以灵活地适应广谱的安全策略和检测需求。但是推理系统和为此演算的可计算问题距离成熟解决都还有一定的距离。

(4) 基于模型推理的攻击检测技术。攻击者在攻击一个系统时采用一定的行为程序，如猜测口令的程序，这种行为程序构成了某种具有一定行为特征的模型，根据这种模型所代表的攻击意图的行为特征，可以实时地检测出恶意的攻击企图。虽然攻击者并不一定都是恶意的。用基于模型的推理方法，人们能够为某些行为建立特定的模型，从而能够监视具有特定行为特征的某些活动。根据假设的攻击脚本，这种系统就能检测出非法的用户行为。一般为了准确判断，要为不同的攻击者和不同的系统建立特定的攻击脚本。

当有证据表明某种特定的攻击模型发生时，系统应当收集其他证据来证实或者否定攻击的真实，既要不漏报攻击，防止对信息系统造成实际的损害，又要尽可能避免错报。

当然，上述方法都不能彻底地解决攻击检测问题，所以最好是综合地利用各种手段强化计算机信息系统的安全程序以增加攻击成功的难度，同时根据系统本身特点辅助以较适合的攻击检测手段。

五、防火墙的体系结构及其组合形式

（一）防火墙的体系结构

防火墙有三种分别适用于不同网络规模的体系结构：①双穴主机网关（Dual-Homed-

Gateway)；②屏蔽主机网关（Screened-Host-Gateway)；③屏蔽子网网关（Screened-Subnet-Gateway)。这三种原型的共同特点是都需要一台堡垒主机，或者叫桥头堡主机（Bastion Host)，该主机充当应用程序转发者、通信登记者以及服务提供者的角色。

l. 双穴主机网关

双穴主机网关放置在两个网络之间，桥头堡主机充当网关，需要在此主机中装两块网络接口卡，并在其上运行防火墙软件。受保护网与Internet之间不能直接进行通信，必须经过桥头堡主机，不必显式地列出受保护网与不受保护网之间的路由，从而达到受保护网除了看到桥头堡主机之外，不能看到其他任何系统的效果。同时，桥头堡主机不转发TCP/IP 通信报文，网络中的所有服务都必须由此主机的相应代理程序来支持。

大多数防火墙建立在运行UNIX的机器上，证实在双宿主机防火墙中的寻径功能是否被禁止是非常重要的。为了在基于UNIX的双宿主机中禁止进行寻径，需要重新配置和编译内核。在BSD UNIX系统中该过程如下所述：

使用Make命令编译UNIX系统内核。使用Config的命令来读取内核配置文件并生成重建内核所需的文件。内核配置文件在/usr/sys/conf或/usr/src/sys目录下。在使用Intel硬件的BSD UNIX平台上，配置文件在/usr/src/sys/i386/conf目录下。

为检查用户所使用的是哪一个内核配置文件，可以对内核映像文件使用strings命令并查找操作系统的名字。

下面是UNIX双宿主机防火墙的一部分有用的检查点：

(1) 移走程序开发工具：编译器、链接器。

(2) 移走不需要或不了解的具有SUID和SGID权限的程序。如果系统不工作，可以移回一些必要的基本程序。

(3) 使用磁盘分区，从而使在一个磁盘分区上发动的填满所有磁盘空间的攻击被限制在那个磁盘分区当中。

(4) 删去不需要的系统和专门账号。

(5) 删去不需要的网络服务，使用netstat-a来检验。编辑/etc/inetd.conf和/etc/services文件，删除不需要的网络服务定义。

由于双穴主机网关容易安装，所需的硬件设备也较少，且容易验证其正确性，因此是一种使用较多的防火墙。

2. 屏蔽主机网关

屏蔽主机网关方式中，桥头堡主机在受保护网内，将带有报文屏蔽功能的路由器置于受保护网和Internet之间，它不允许Internet对受保护网的直接访问，只允许对受保护网中桥头堡主机的访问，与双穴网关类似，桥头堡主机运行防火墙软件。屏蔽主机网关是一种很灵活的防火墙，为保护桥头堡主机的安全建立了一道屏障，但这种结构依赖屏蔽组和桥头堡主机，只要有一个失败，整个网络就暴露了。

屏蔽主机网关可以有选择地允许值得信任的应用程序通过路由器，但它不像双穴网关那样只须注意桥头堡主机的安全性，它必须考虑两方面的安全性，即桥头堡主机和路由器。如果路由器中的访问控制列表允许某些服务能够通过路由器，则防火墙管理员既要管理桥头堡主机中的访问控制列表，还要管理路由器中的访问控制列表，并使它们互相协调。当路由器允许通过的服务数量逐渐增多时，验证防火墙的正确性就会变得越来越困难。

在屏蔽的路由器中数据包过滤配置按下列方式之一实现：

(1) 允许其他的内部主机为了某些服务与互联网上的主机连接。

(2) 不允许来自内部主机的所有连接。

用户针对不同的服务混合使用这些手段，如允许某些服务直接经由数据包过滤，其他服务只能间接地经过代理。这完全取决于用户实行的安全策略。

这种体系结构允许数据包从互联网向内部网移动，它的设计比没有外部数据包能到达内部网络的双重宿主主机体系结构更冒风险。实际上，双重宿主主机体系结构在防备数据包从外部网络穿过内部网络容易失败。保卫路由器比保卫主机较易实现，因为它提供有限的服务组。多数情况下，屏蔽的主机体系结构比双重宿主主机体系结构能提供更好的安全性和可用性。

3. 屏蔽子网网关

屏蔽子网网关包含两个屏蔽组和两个桥头堡主机，在公共网络和私有网络之间构成了一个隔离网，称之为“停火区”，桥头堡主机放置在“停火区”内。因此，屏蔽子网中的主机是唯一一个受保护网和Internet都能访问到的系统。

从理论上来说，屏蔽子网网关也是一种双穴网关的方法，只是将其应用到了网络上。当防火墙被破坏后，它会出现与双穴主机网关同样的问题。不同的是，在双穴主机网关中只需配置桥头堡主机的寻径功能，而在屏蔽子网网关中则须配置三个网络之间的寻径功能，即先要闯入桥头堡主机，再进入受保护网中的某台主机，然后返回报文屏蔽路由器，分别进行配置。这对攻击者来说极其困难。由于Internet很难直接与受保护网进行通信，因此，防火墙管理员无须指出受保护网到Internet之间的路由。这对于保护大型网络来说是一种很好的方法。

堡垒主机是用户网络上最容易受侵袭的机器，因为它本质上是能够被侵袭的机器。在屏蔽主机体系结构中，如果用户的内部网络对针对堡垒主机的侵袭门户洞开，那么用户的堡垒主机是非常诱人的攻击目标。在它与用户的其他内部机器之间没有其他防御手段时，如果有人成功地侵入屏蔽主机体系结构中的堡垒主机，那就毫无阻挡地进入了内部系统。

通过在周边网络上隔离堡垒主机，能减少在堡垒主机上侵入的影响。可以说，它只给入侵者一些访问的机会，但不是全部。

（二）防火墙体系结构的组合形式

建造防火墙时，很少采用单一的技术，通常是解决不同问题的多种技术的组合。防火墙体系结构的组合形式主要取决于网管中心向用户提供什么样的服务以及网管中心能接受什么等级的风险，采用哪种技术主要取决于经费投资的大小或技术人员的技术、时间等因素。一般有以下形式：

(1) 使用多堡垒主机。

(2) 合并内部路由器与外部路由器。

(3) 合并堡垒主机与外部路由器。

(4) 合并堡垒主机与内部路由器。

(5) 使用多台内部路由器。

(6) 使用多台外部路由器。

(7) 使用多个周边网络。

(8) 使用双重宿主主机与屏蔽子网。

第二节　防火墙的主要技术分析

一、数据包过滤技术

数据包过滤是一种访问控制技术，用于控制流入流出网络的数据，它设置在网络的适当位置，对数据实施有选择的通过，选择原则是系统内事先设置的安全策略。

数据包过滤是由路由器实现的，这种路由器和普通路由器有所区别，普通路由器只是简单地查看每一个数据包的目标地址，并选取数据包发往目标地址的最佳路径，完成转发功能；而具有数据包过滤功能的路由器则更细致地检查数据包，它除了决定能否发送数据包到其目标地址之外，还要根据系统的安全策略来决定它是否应该发送，通常称这种路由器为屏蔽路由器。一旦数据包过滤路由器完成对一个数据包的检测，它对数据包所做的工作有两种选择：通过数据包和放弃数据包，为了理解数据包过滤，首先必须理解数据包以及它们在每一个TCP/IP协议层是如何被处理的。

（一）数据包的概念界定

为了理解数据包过滤，首先讨论一下数据包以及它们在每一个TCP/IP协议层的处理过程。每一个包都要经以下各层传输：

（1）应用层（FTP、Telnet和Http）。

（2）传输层（TCP或UDP）。

（3）网络层（IP）。

（4）网络接口层（以太网、FDDI、AIM等）。

包的构造有点像洋葱，它是由各层协议连接组成的，每一层的包都由包头与包体两部分组成。在包头中存放与这一层相关的协议信息，在包体中存放包在这一层的数据信息，这些数据包含了上层的全部信息。在每一层上对包的处理是将从上层获取的全部信息作为包体，然后依本层的协议再加上包头。这种对包的层次性操作一般称为封装。

在应用层，包头含有须被传送的数据。当构成下一层（传输层）的包时，传输控制协议或用户数据报协议从应用层将数据全部取来，然后再加装上本层的包头。当构筑再下一层（网络层）的包时，IP协议将上层的包头与包体全部当作本层的包体，然后再加装上本层的包头。在构筑最后一层（网络接口层）的包时，以太网或其他网络协议将IP层的整个包作为包体，再加上本层的包头。与封装过程相反，在网络连接的另一边（接收方）的工作是解包，即为了获取数据要由下而上依次把包头剥离。

在数据包过滤系统看来，包的最重要信息是各层依次加上的包头。

（二）数据包的过滤方法

包过滤技术允许或不允许某些包在网络上传递，依据的原则有三个，分别是：①将包的目的地址作为判断依据；②将包的源地址作为判断依据；③将包的传送协议作为判断依据。大多数包过滤系统并不关心包的具体内容。

包过滤不允许进行的操作：①允许某个用户从外部网用 Telnet 登录而不允许其他用户进行这种操作；②允许用户传送某些文件而不允许用户传送其他文件。

数据包过滤系统不能识别数据包中的用户信息，同样，数据包过滤系统也不能识别数据包中的文件信息，包过滤系统的主要特点是让用户在一台机器上，提供对整个网络的保护。

路由器为所有用户进出网络的数据流提供了一个有用的阻塞点。而有关的保护只能由网络中特定位置的过滤路由器来提供。例如，我们考虑这样的安全规则，让网络拒绝任何含有内部邮件的包，就是那种看起来像来自内部主机而其实是来自外部网的包，入侵者总是把这种包伪装成来自内部网实现入侵。要实现设计的安全规则，唯一的方法是通过网络上的包过滤路由器。只有处在这种位置上的包过滤路由器，才能通过查看包的源地址辨认出这个包是来自内部网还是外部网。

（三）数据包的构筑方法

在 IP 网传输的数据包是采用这样的方法构筑的：每一个协议层都用特殊的连接对数据包进行“打包”，打包的过程是这样的，每一层把它从上层得到的信息作为它的数据来处理，并且在这个数据上加上自己的报头，报头包括与那层有关的协议信息，主要信息包括：① IP 源地址；② IP 目标地址；③协议类型；④ TCP 或 UDP 源端口；⑤ TCP 或 UDP 目标端口；⑥ ICMP 消息类型。

在应用层，数据包只包括将要传送的数据。在传输的另一个方向，这个过程正好相反，当数据从低层传送到高层时，数据的每层报头被相应地剥去。

（四）数据包过滤的结构

被用于数据包过滤的路由器，是通过分析含有重要信息的报头和它所知道的没有被反映在数据包报头中的关于数据包的其他信息（如数据包能达的端口、数据包出去的端口）来进行数据包过滤的。由此可见，数据包过滤主要有以下三个基本结构：

（1）基于地址的过滤。按地址过滤是最为简单的一种数据包过滤技术，它限制基于数据包源地址或目标地址的数据包流，可以用来允许特定外部主机和内部主机对话，反之则禁止特定外部主机到特定网络或主机的不安全连接。例如，用户要求全面阻止外部用户访问某台内部主机，而此主机的用户通过此计算机浏览 Internet，较为简单的解决方法就是：对通过防火墙的 IP 数据包的目的地址进行过滤，阻止到此主机的一切数据包。

（2）基于协议的过滤。基于协议的过滤指过滤器根据系统设计的原则来阻止或允许某种协议类型的数据包。

TCP和UDP是Internet网上最常用的两种协议。如果过滤系统试图阻止一个TCP连接，仅阻止第一个数据包就可以了，第二个数据包含有连接的信息，如果没有第一个数据包，接收端不会把之后的数据包组装成数据流，并且停止这次连接，TCP连接的第一个数据包之所以容易被识别，是因为在它的报头中的ACK位没有被设置，而连接中的其他数据包不论去往何种方向，它的ACK位置都将被设置。

UDP数据包因为不像TCP那样做可靠性保证，在它的报头中没有作为可靠性传输保证的ACK位，所以数据包过滤路由器没有办法，通过检查一个UDP报头来对数据进行过滤，但在有些产品中具有动态数据包过滤的能力，它记住所见到的流出的数据包，然后通过过滤机制允许相应的响应数据包返回，为了给响应计数，进来的数据包须来自数据包被送到的主机和端口，路由器基本上是在数据流动中修改数据包的过滤规则，故称为动态数据包过滤。

（3）基于ICMP消息类型的过滤。ICMP用于IP状态和消息控制，ICMP数据包被包装在IP数据包报体中，它没有源或目标端口，而是一套已定义好的消息类型代码，许多数据包过滤系统要过滤基于ICMP消息类型字段的ICMP数据包。生成和返回ICMP错误代码是数据包过滤路由器工作的一部分，但是如果数据包过滤系统对违反这个过滤策略的所有数据包都返回ICMP错误代码，会给侵略者一个探明过滤系统的方法，因此安全的做法是放弃没有退回任何ICMP错误代码的数据包，然而，更灵活的过滤系统是配置它向内部系统而不是对外部系统返回ICMP代码，这是很有意义的。

（五）包过滤的优缺点

1. 包过滤的优点

包过滤方式有许多优点，其主要优点之一是用一个放置在战略位置上的包过滤路由器就可保护整个网络。如果站点与互联网间只有一台路由器，不管站点规模有多大，只要在这台路由器上设定合适的包过滤，站点就可以获得很好的网络安全保护。

包过滤不需要用户软件的支撑，不要求对客户机做特别的设置，也没有必要对用户做任何培训。当包过滤路由器允许包通过时，它看起来与普通的路由器没有任何区别。此时，用户甚至感觉不到包过滤功能的存在，只有在某些包禁入和禁出时，用户才认识到它与普通路由器的不同。包过滤工作对用户来讲是透明的，这种透明可在不要求用户作做何操作的前提下完成包过滤。

包过滤产品比较容易获得，在市场上有许多硬件和软件的路由器产品，不管是商业产品还是从网上免费下载的产品都提供了包过滤功能。例如，Cisco公司的路由器产品包含有包过滤功能。Drawbridge、KralBrige以及Screened也都具有包过滤功能，而且还能从Internet上免费下载。

2. 包过滤的缺点

尽管包过滤系统有许多优点，但是它仍有缺点和局限性：①在机器中配置包过滤规则比较困难；②对包过滤规则设置的测试也很麻烦；③许多产品的包过滤功能有这样或那样的局限性，要找一个比较完整的包过滤产品很难。

包过滤系统本身存有某些缺陷，这些缺陷对系统安全性的影响超过代理服务对系统安全性的影响，这是因为代理服务的缺陷会使数据无法传送，而包过滤的缺陷会使一些平常应该拒绝的包也能进出网络，这对系统的安全性是一个巨大的威胁。

即使在系统中安装了比较完整的包过滤系统，也会发现对某些协议使用包过滤方式不太合适。例如，对 Berkeley 的“r”命令（rep、rsh、rlogin）和类似于 NFS 和 NIS/YS 协议的 RPC，用包过滤系统就不太合适。有些安全规则是难以用包过滤规则来实现的。例如，在包中只有来自哪台主机的信息而无来自哪个用户的信息，若要过滤用户就不能使用包过滤。

二、代理服务技术

（一）代理服务的概念界定

代理服务是指在双重宿主主机或堡垒主机上运行一个特殊协议或一组协议，使得用户的客户程序与该代理服务器交谈，从而代替直接与外部互联网中服务器的“真正”交谈。代理服务器判断从客户端送来的请求，并决定哪些请求允许传送而哪些应被拒绝，当某个请求被允许时，代理服务器代表客户与真实的服务器进行交谈，并将从客户端送来的请求传送给真实服务器，将真实服务器的回答传送给客户。

对用户来说，与代理服务器交谈与真实的服务器交谈一样，而对真实的服务器来说，它是在与运行代理服务器的主机上的用户交谈，并不知道用户的真实所在。

代理服务不需任何特殊硬件，但对于大多数服务来说要求专门的软件。

代理服务在客户和服务器之间限制 IP 通信的时候才起作用，如一个屏蔽路由器或双重宿主主机。如果在客户与真实服务器之间存在 IP 级连通，那么客户就可以绕过代理系统。代理服务通常由两个部分构成：代理服务器程序和客户程序。相当多的代理服务器要求使用固定的客户程序。如果网络管理员不能改变所有的代理职务器和客户程序，系统就不能正常工作。代理使网络管理员有了更大的能力改善网络的安全特性。

（二）代理服务的优缺点

1. 代理服务的优点

代理服务的优点主要表现如下：

(1) 代理服务允许用户“直接”访问互联网。采用双重宿主主机方案，用户需要登录到主机上才能访问互联网，这样会使用户感到很不方便，有些用户就可能寻找其他方法来通过防火墙。而采用代理服务，用户会认为他们是直接访问互联网。当然，这需要在后台运行一些程序，但这对用户来讲是透明的。代理服务系统允许用户从他们自己的系统访问互联网，但不允许数据包在用户系统和互联网之间直接传送。传送只能是间接的，或通过双重宿主主机，或通过一个堡垒主机和屏蔽路由器系统。

(2) 代理服务适合于做日志。代理服务可提供详细的日志记录 (log) 及审计 (audit) 功能，这大大提高了网络的安全性，也为改进现有软件的安全性能提供了可能性。代理服务懂得优先协议，它们允许以一种特殊而有效的方式来进行日志服务。例如，一个 FTP 代理服务器只记录发出的命令和服务器接收的回答来代替记录所有的数据传输，产生的日志不但小而且更有用。

2. 代理服务的缺点

代理服务也有一些缺点，主要表现为以下四方面：

(1) 代理服务落后于非代理服务。尽管代理软件已广泛应用于服务，如 FTP，但是要找到一些为某些新而少的服务使用的可靠软件很困难。在一个服务出现和它的代理服务的出现之间一般会有一个较为明显的延迟，这个延迟时间的长短依赖于为代理而设计的服务器。这使得一个站点在提供一个新的服务时无法立刻提供代理服务，在可以使用代理服务之前，该服务只能放在防火墙外，这样一来，便产生了安全漏洞。

(2) 每个代理服务要求不同的服务器。用户可能需要为每个协议配置不同的代理服务器，因为代理服务器需要按照协议来决定允许什么和不允许什么，并且要扮演一个角色，它对真实服务器来说是客户，对客户来说是真实服务器。选择、安装和配置不同的代理服务器是一项复杂的工作，软件产品和软件包在配置的难易程度上是完全不同的，在一个软件上很容易做的事可能在另一个软件上很困难。

(3) 代理服务一般要求对客户或程序进行修改。除了一些专门为代理而设计的服务外，代理服务器要求对客户或程序进行修改，每一种修改都有其不足之处，人们无法总是用正常的方式来进行工作。因为这些修改，代理应用就可能没有非代理应用运行得那样好，同时对于协议的理解也可能有偏差，并且一些客户程序和服务器比非代理服务缺乏灵活性。

(4) 代理服务对某些服务来说是不合适的。代理服务能否实现取决于能否在客户和真实服务器之间插入代理服务器，这要求两者间的交谈有相对的直接性。

（三）代理服务的工作原理与方法

1. 代理服务的工作原理

代理服务是当今用于构筑防火墙的一项主要技术，它是运行在防火墙主机上的专门的应用程序或代理服务器程序，允许网络管理员允许或拒绝某个特定的应用程序或一个应用的某个特定功能。

安装了代理服务器的防火墙，一般要在请求的客户机上安装特定的客户应用程序，用户通过运行特定的应用程序与防火墙上的代理服务器程序连接，防火墙的代理服务机制对用户的真实身份和请求进行合法性检验，如果通过了检验，防火墙上的代理服务器就代表客户与防火墙外真正提供服务的服务器进行连接，并将客户方的请求转发给服务器，然后将服务的应答转播给客户方；而对于非法的用户请求，代理服务器则拒绝建立连接。因此代理服务器实质上是客户与服务器之间的通信中介，外部计算机的网络连接只能到达中间节点（代理服务器），内、外网络之间不存在直接连接，即使防火墙发生了问题，外部网络也无法与被保护的网络连接，从而达到了隔离防火墙内外计算机系统的目的。除此之外，代理服务提供详细的日记记录和审计功能，大大提高了网络的安全性能。

对客户来说，与代理服务器连接与真正提供服务的服务器连接一样，感觉不到代理服务器的存在，对外部的服务器而言，它是一个运行在代理服务器上的用户交互，不知道用户的真实所在，因此代理服务对客户端和服务器端来说是透明的。

2. 代理服务的工作方法

代理工作的细节对每一种服务而言都是不同的，一些服务可以自动地提供代理，对于这些服务用户可以通过对正常服务器的配置来设置代理。但对于大多数服务来说，代理服务要求在服务器上有合适的代理服务器软件。在客户端有以下不同的方法：

(1) 定制客户软件。采用这种方法时，软件必须知道当用户提出请求时怎样与代替真实服务器的代理服务器进行连接，并且告诉代理服务器如何与真实服务器连接。

(2) 定制客户过程。采用这种方法时，用户使用标准的客户软件与代理服务器连接，并通知代理服务器与真实服务器连接，以此来代替与真实服务器的连接。

正如使用定制软件一样，要求对用户使用过程进行定制，使用定制过程也会对用户可使用的客户程序增加一些限制。有的客户试图自动执行匿名 FTP，但他们不知道如何经过代理服务器。一些客户可能被简单的操作方式所困扰，如一个图形界面的程序，可能无法显示用户输入的包括主机和用户名的信息。

三、内容屏蔽与阻塞技术

互联网访问屏蔽是近年来一个热门的话题，它允许管理员阻塞内部网络的用户对某些站点的访问。一些产品允许详细指明要阻塞的网站，而另一些产品阻塞网络通信的内容，可以设置要阻塞的词语或者数据。

因为代理服务器位于客户和提供网络服务的服务器之间，所以有很多方法来进行内容屏蔽或阻塞访问：

(1) URL 地址阻塞。URL 地址阻塞可以指定哪些 URL 地址会被阻塞，它的缺点是互联网中的 URL 地址会经常改变，每天都有成千上万的页面被添加进来，让一个繁忙的管理员审查所有新页面是不可能的。

(2) 类别阻塞。类别阻塞指定阻塞含有某种内容的数据包。

(3) 嵌入的内容。一些代理软件应用程序能够设置为阻塞 Java、ActiveX 控件，或者其他一些嵌入在 Web 请求的响应里的对象。这些对象可以在本地计算机上运行应用程序，因此可能会被黑客利用来获得访问权限。

内容阻塞软件并不完美，所以不应该是阻塞某些数据流入内部网络的唯一方法。尽管可以列出一长串的 URL 地址来阻断用户的访问，但是有经验的用户可以使用服务器的 IP 地址来通过这一检查。

不要使用阻塞软件作为唯一防御特洛伊木马和计算机病毒的软件。阻塞只能找到那些已知的问题，而不能防止新病毒的威胁。另外，在 E-mail 里也很容易伪装一些病毒程序。出于这些原因，应该在网络的所有计算机上都安装一个好的病毒消除程序。

第三节 入侵检测技术及其性能评测

一、入侵检测系统技术

入侵不仅包括发起攻击的人（如恶意的黑客）取得超出合法范围的系统控制权，也包括收集漏洞信息，造成拒绝访问（DoS）等对计算机系统造成危害的行为。入侵行为不仅来自外部，同时也指内部用户的未授权活动。从入侵策略的角度可将入侵检测的内容分为试图闯入、成功闯入、冒充其他用户、违反安全策略、合法用户的泄露、独占资源以及恶意使用。

（一）入侵检测系统的功能

“随着互联网时代的发展，内部威胁、零日漏洞和 DoS 攻击等攻击行为日益增加，网络安全变得越来越重要，入侵检测已成为网络攻击检测的一种重要手段。”入侵检测系统能在入侵攻击对系统发生危害前检测到入侵攻击，并利用报警与防护系统驱逐入侵攻击；在入侵攻击过程中，尽可能减少入侵攻击所造成的损失；在被入侵攻击后，能收集入侵攻击的相关信息，作为防范系统的知识添加到知识库内，从而增强系统的防范能力。

1. 监控、分析用户与系统的活动

监控、分析用户与系统的活动是入侵检测系统能够完成入侵检测任务的前提条件，入侵检测系统通过获取进出某台主机及整个网络的数据，或者通过查看主机日志等信息来监控用户与系统活动，获取网络数据的方法一般是“抓包”，即将数据流中的所有包都抓下来进行分析。

如果入侵检测系统不能实时地截获数据包并对它们进行分析，就会出现漏包或网络阻塞的现象。前一种情况下系统的漏报会很多，后一种情况会影响到入侵检测系统所在主机或网络的数据流速，入侵检测系统成为整个系统的瓶颈。

因此，入侵检测系统不仅要能够监控、分析用户与系统的活动，还要使这些操作足够快。

2. 发现入侵企图或者计算机异常现象

发现入侵企图或计算机异常现象是入侵检测系统的核心功能，主要包括两方面：一是入侵检测系统对进出网络或主机的数据流进行监控，查看是否存在入侵行为；二是评估系统关键资源和数据文件的完整性，查看系统是否已经遭受了入侵。前者的作用是在入侵行为发生时及时发现，从而避免系统遭受攻击；后者一般是攻击行为已经发生，但可以通过攻击行为留下的痕迹的一些情况，从而避免再次遭受攻击。对系统资源完整性的检查也有利于对攻击者进行追踪或者取证。

对于网络数据流的监控，可以使用异常检测的方法，也可以使用误用检测的方法。目前还有很多新技术，但多数还在理论研究阶段。现在的入侵检测产品使用的主要还是模式匹配技术。检测技术的好坏，直接关系到系统能否精确地检测出攻击，因此，对于这方面的研究是入侵检测系统研究领域的主要工作。

3. 记录、报警与响应

入侵检测系统在检测到攻击后，应该采取相应的措施来阻止或响应攻击，它应该记录攻击的基本情况并及时发出警告。良好的入侵检测系统不仅应该能把相关数据记录在文件或数据库中，还应该提供报表打印功能。必要时，系统还可以采取必要的响应行为，如拒绝接收所有来自某台计算机的数据，追踪入侵行为等。实现与防火墙等安全部件的交互响应，也是入侵检测系统需要研究和完善的功能之一。

作为一个功能完善的入侵检测系统，除具备上述基本功能外，还应该包括其他一些功能，比如审计系统的配置和弱点评估，关键系统和数据文件的完整性检查等。

此外，入侵检测系统还应该为管理员和用户提供友好、易用的界面，方便管理员设置用户权限、管理数据库、手工设置和修改规则、处理报警和浏览、打印数据等。

（二）入侵检测系统的类型

根据不同的分类标准，入侵检测系统可分为不同的类别。对于入侵检测系统要考虑的因素（分类依据）主要的有数据源、入侵、事件生成、事件处理以及检测方法等。

1. 按照数据源划分

入侵检测系统要对所监控的网络或主机的当前状态做出判断，需要以原始数据中包含的信息为基础。按照原始数据的来源，可以将入侵检测系统分为基于主机的入侵检测系统、基于网络的入侵检测系统和基于应用的入侵检测系统等类型。

（1）基于主机的入侵检测系统。基于主机的入侵检测系统主要用于保护运行关键应用的服务器，它通过监视与分析主机的审计记录和日志文件来检测入侵，日志中包含发生在系统上的不寻常活动的证据，这些证据可以指出有人正在入侵或已成功入侵了系统。通过查看日志文件，能够发现成功的入侵或入侵企图，并启动相应的应急措施。

（2）基于网络的入侵检测系统。基于网络的入侵检测系统主要用于实时监控网络关键路径的信息，它能够监听网络上的所有分组，并采集数据以分析可疑现象。基于网络的入侵检测系统使用原始网络包作为数据源，通常利用一个运行在混杂模式下的网络适配器来实时监视，并分析通过网络的所有通信业务。基于网络的入侵检测系统可以提供许多基于主机的入侵检测法无法提供的功能。许多客户在最初使用入侵检测系统时，都配置了基于网络的入侵检测。

（3）基于应用的入侵检测系统。基于应用的入侵检测系统是基于主机的入侵检测系统的一个特殊子集，其特性、优缺点与基于主机的入侵检测系统基本相同。由于这种技术能够更准确地监控用户某一应用行为，所以在日益流行的电子商务中越来越受到关注。

这三种入侵检测系统具有互补性，基于网络的入侵检测能够客观地反映网络活动，特别是能够监视到系统审计的盲区；而基于主机和基于应用的入侵检测能够更加精确地监视系统中的各种活动。

2. 按照检测原理划分

根据系统所采用的检测方法，可以将入侵检测分为异常入侵检测和误用入侵检测两类。

（1）异常入侵检测。异常入侵检测是指能够根据异常行为和使用计算机资源的情况检测入侵。一场检测基于这样的假设和前提：用户活动是有规律的，而且这种规律是可以通过数据进行有效的描述和识别；入侵时异常活动的子集和用户的正常活动有着可以描述的明显的区别。异常监测系统先经过一个学习阶段，总结正常的行为的轮廓成为自己的先验知识，系统运行时将信息采集子系统获得并预处理后的数据与正常行为模式比较，如果差异不超出预设阈值，则认为是正常的，出现较大差异即超过阈值则判定为入侵。

（2）误用入侵检测。误用入侵检测是指利用已知系统和应用软件的弱点攻击模式来检测入侵。与异常入侵检测不同，误用入侵检测能直接检测不利或不可接受的行为，而异常入侵检测则是检查出与正常行为相违背的行为。

3. 按照体系结构划分

按照体系结构，入侵检测系统可分为集中式、等级式和协作式三种。

(1) 集中式。集中式入侵检测系统包含多个分布于不同主机上的审计程序，但只有一个中央入侵检测服务器，审计程序把收集到的数据发送给中央服务器进行分析处理。这种结构的入侵检测系统在可伸缩性、可配置性方面存在致命缺陷。随着网络规模的增加，主机审计程序和服务器之间传送的数据量激增，会导致网络性能大大降低；一旦中央服务器出现故障，整个系统就会陷入瘫痪。此外，根据各个主机不同需求配置服务器也非常复杂。

(2) 等级式。在等级式（部分分布式）入侵检测系统中，定义了若干个分等级的监控区域，每个入侵检测系统负责一个区域，每一级入侵检测系统只负责分析所监控区域，然后将当地的分析结果传送给上一级入侵检测系统。这种结构的问题：①当网络拓扑结构改变时，区域分析结果的汇总机制也需要做相应的调整；②这种结构的入侵检测系统最终还是要把收集到的结果传送到最高级的检测服务器进行全局分析，所以系统的安全性并没有实质性的改进。

(3) 协作式。协作式（分布式）入侵检测系统将中央检测服务器的任务分配给多个基于主机的入侵检测系统，这些入侵检测系统不分等级，各司其职，负责监控当地主机的某些活动，可伸缩性、安全性都得到了显著的提高，但维护成本也相应增大，并且加大了所监控主机的工作负荷，如通信机制、审计开销、踪迹分析等。

4. 按照工作方式划分

入侵检测系统根据工作方式可分为离线检测系统和在线检测系统。

(1) 离线检测系统。离线检测系统是一种非实时工作的系统，在事件发生后分析审计事件，从中检查入侵事件。这类系统的成本低，可以分析大量事件，调查长期的情况；但由于是在事后进行，不能对系统提供及时的保护，而且很多入侵在完成后都会将审计事件删除，因而无法审计。

(2) 在线检测系统。在线检测对网络数据包或主机的审计事件进行实时分析，可以快速响应，保护系统安全；但在系统规模较大时，难以保证实时性。

（三）入侵检测的步骤

入侵检测通过执行任务来实现：监视、分析用户及系统活动；系统构造和弱点的审计；识别、反馈已知进攻的活动模式并向相关人士报警；异常行为模式的统计分析；评估重要系统和数据文件的完整性；操作系统的审计跟踪管理，并识别用户违反安全策略的行为。入侵检测的一般步骤包括信息收集和信息检测分析。

1. 信息收集

网络入侵检测的第一步是信息收集，内容包括系统、计算机网络、数据及用户活动的状态和行为。而且，需要在计算机网络系统中的若干不同关键点（不同网段和不同主机）收集信息。这除了尽可能扩大检测范围的因素外，还有一个重要的因素就是从一个信息源来的信息有可能看不出疑点，但从几个来源的信息的不一致性却是可疑行为或入侵的最好标志。入侵检测很大程度上依赖于收集信息的可靠性和正确性。入侵检测利用的信息一般来自以下四方面：

（1）系统和计算机网络日志文件。入侵者经常在系统日志文件中留下他们的踪迹，因此充分利用系统和计算机网络日志文件信息是检测入侵的必要条件。日志文件中记录了各种行为类型，每种类型又包含不同的信息，例如记录“用户活动”类型的日志就包含登录、用户 ID 改变、用户对文件的访问、授权和认证信息等内容。

（2）目录和文件中不期望的改变。计算机网络环境中的文件系统包含很多软件和数据文件，其中含有重要信息的文件和私有数据文件经常是攻击者修改或破坏的目标。目录和文件中不期望的改变（包括修改、创建和删除），特别是那些正常情况下限制访问的，很可能就是一种入侵产生的指示和信号。攻击者经常替换、修改和破坏他们获得访问权的系统中的文件，同时为了隐藏系统中他们的表现及活动痕迹，都会尽力去替换系统程序或修改系统日志文件。

（3）程序执行中的不期望行为。计算机网络系统中的程序一般包括操作系统、计算机网络服务、用户启动的程序和特定目的的应用。每个在系统上执行的程序由一到多个进程实现，而每个进程又在具有不同权限的环境中执行，这种环境控制着进程可访问的系统资源、程序和数据文件等。一个进程的执行行为由它运行时执行的操作来表现，操作执行的方式不同，它利用的系统资源也就不同。一个进程出现了不期望的行为，表明可能有人正在入侵该系统。入侵者可能会将程序或服务的运行分解，从而导致它失败，或者以非用户或管理员意图的方式操作。

（4）物理形式的入侵信息。物理形式的入侵信息包括两方面的内容：一是未授权地对计算机网络硬件的连接；二是对物理资源的未授权访问。入侵者会想方设法突破计算机网络的周边防卫，如果他们能够在物理上访问内部网，就能安装他们自己的设备和软件，进而探知网上由用户加上去的不安全(未授权)设备，然后利用这些设备访问计算机网络。

2. 信息检测分析

信息收集器将收集到的有关系统、计算机网络、数据及用户活动的状态和行为等信息传送到分析器，由分析器对其进行分析。分析器一般采用三种技术对其进行分析：模式匹配、统计分析和完整性分析。前两种方法用于实时的计算机网络入侵检测，而完整性分析用于事后的计算机网络入侵检测。

(1) 模式匹配。模式匹配就是将收集到的信息与已知的计算机网络入侵与系统误用模式数据库进行比较，从而发现违背安全策略的行为。该过程可以很简单（例如通过字符串匹配以寻找一个简单的条目或指令），也可以很复杂（例如利用正规的数学表达式来表示安全状态的变化）。该方法的一大优点是只须收集相关的数据集合，显著减轻了系统负担，且技术已相当成熟；与病毒防火墙采用的方法一样，检测的准确率和效率都相当高。但是，该方法的弱点就是需要不断地升级以对付不断出现的攻击手段，不能检测到从未出现过的攻击手段。

(2) 统计分析。统计分析方法首先给系统对象（例如用户、文件、目录和设备等）创建一个统计描述，统计正常使用时的一些测量属性（例如访问次数、操作失败次数和时延等）。测量属性的平均值将被用来与计算机网络、系统的行为进行比较，任何观察值在正常范围之外时，就认为有入侵发生。其优点是可检测到未知的入侵和更为复杂的入侵；缺点是误报、漏报率高，且不适应用户正常行为的突然改变。具体的统计分析方法有基于专家系统的分析方法、基于模型推理的分析方法和基于神经计算机网络的分析方法。

(3) 完整性分析。完整性分析主要关注某个文件或对象是否被更改。完整性分析利用强有力的加密机制（称为消息摘要函数），能够识别哪怕是微小的变化。其优点是不管模式匹配方法和统计分析方法能否发现入侵，只要是成功的攻击导致了文件或其他对象的任何改变，它都能发现。缺点是一般以批处理方式实现，不用于实时响应。尽管如此，完整性检测方法依然是维护计算机网络安全的必要手段之一。

二、入侵检测技术的性能测评

入侵检测技术的标准化是提高入侵检测产品功能和加强技术合作的重要手段。到目前为止，还没有广泛接受的入侵检测相关国际标准。美国国防高级研究计划署（DARPA）和互联网工程任务组（IETF）的入侵检测工作组（IDWG）在这方面做了很多工作，我国的有关网络安全产品检测部门也做了很多卓有成效的工作，给出了主机入侵检测产品和网络入侵检测产品的规范。

入侵检测技术评测没有统一的标准，但大部分的测试过程都遵循下面的基本测试步骤：

(1) 创建、选择一些测试工具或测试脚本。这些脚本和工具主要用来生成模拟的正常行为及入侵，也就是模拟 IDS 运行的实际环境。

(2) 确定计算环境所要求的条件，比如背景计算机活动的级别。

(3) 配置运行 IDS。

(4) 运行测试工具或测试脚本。

(5) 分析 IDS 的检测结果。

测试可以分为三类，分别为入侵识别测试（也是 IDS 有效性测试）、资源消耗测试和强度测试。入侵识别测试测量 IDS 区分正常行为和入侵的能力，主要衡量的指标是检测率和虚警率。资源消耗测试测量IDS占用系统资源的状况，考虑的主要因素是硬盘占用空间、内存消耗等。强度测试主要检测 IDS 在强负荷运行状况下检测效果是否受影响，主要包括大负载、高密度数据流量情况下对检测效果的检测。

第四节　入侵检测技术安全维护应用

在信息技术不断发展的背景下，计算机被广泛运用于各个领域当中，网络在给人们带来一定便利的同时，也存在着相应的安全问题。而对网络安全的维护已经成为人们逐渐关注的焦点问题，多样化的安全防范技术由此产生，入侵检测技术便是其中一种。

计算机网络的使用为我国经济建设的有效发展提供了相应的技术支持，因此在其实际发展和使用过程中，网络安全的维护与管理有重要的现实意义，能够使其在使用质量上获得较大程度的提高，也能使具有的人力资源优势充分发挥，信息化技术得到较快发展。

一、网络入侵的形式

(1) 病毒入侵。当前互联网当中最为常见的入侵形式是病毒入侵，其方式上主要表现在浏览器入侵，在入侵浏览器的过程中会逐渐进入系统，接着在系统当中植入病毒。然后将程序指令或者代码作为依据，对系统当中的文件内容进行记录、复制，或者删除、修改，进而使计算机在运行时发生错误，其安全受到威胁。最后使计算机用户的相关信息受到窃取，网络安全受到影响，甚至使用户产生一定的经济损失。

(2) 身份入侵。就当前互联网主要安全保护手段来讲，网络服务的获取，需要用户在使用时发送相应指令，然后防火墙会根据指令的具体内容对用户进行识别与验证，防火墙会对申请访问的用户设置相应权限。如果遇到黑客访问，其在权限获取上会遇到问题。这在一定程度上能够对黑客的入侵起到一定的防护作用，保证计算机系统在使用时的稳定性、安全性。其中身份入侵是计算机网络中最为有效的保护方式，能够运用测试与分析的方式，实现对账户和系统的监控。当发现异常问题时，防火墙会自动开启相关工作，然后对异常内容进行扫描，一旦确认为病毒，就会及时对其进行清除。

(3) 防火墙入侵。就互联网中使用的防护手段来讲，防火墙有较强的防御性，比较难被入侵和破解。但是在实际应用中，防火墙仍然存在一定的缺陷，而这种情况的出现十分容易使网络在使用过程中遭遇入侵问题。

(4) 拒绝服务攻击。这种攻击在实施过程中，通常会按照一定的数量、序列，以报文的形式发送到网络当中，使重复的信息在网络服务器当中形成，进而使大量的网络资源或者网络宽带被消耗，计算机网络在实际运行时难以负荷，最终出现瘫痪问题，然后出现无响应以及死机的现象。

二、入侵检测技术安全维护的应用方法

基于上述网络入侵的形式，入侵检测技术在网络安全维护中的应用方法具体如下：

(1) 针对网络的入侵检测。针对网络的入侵检测主要可以分为两种：一种是对硬件部分进行相应的入侵检测，一种是对软件部分进行系统的入侵检测。硬件与软件虽然针对的内容有所不同，但是从本质上来讲，都是运用混合模式对网络接口当中的模式进行设置，通过设置相关内容，能够将最终分析结果和系统当中原有的标准信号进行对比，然后查看二者之间的相似性，如果在对比中发现其为入侵信号，则需要采取相应应急措施，防止非法入侵问题的产生。

(2) 针对主机的入侵检测。针对主机进行的入侵检测，在其安全性上有较高要求，同时需要主机在信息处理与保存的量比较大。在实际检测时，会针对主机内部系统的安全性以及保存的日志等进行分析与判断，进而判定主机受到入侵的可能性。针对主机进行的入侵检测，其意义主要体现在两方面；首先，能够实现对用户使用系统的全面监控和实时监控；其次，对网络安全监控系统进行重新设置，并且对计算机网络当中的安全防护系统进行定期更新与升级。

(3) 针对体系结构的入侵检测技术。一般而言，计算机网络当中的入侵检测技术在体系结构上主要包括 Console、Agent 以及 Manager 三方面。Console 的主要功能在于收集需要处理的信息，为 Agent 实时监测的实施创造良好条件。Agent 的主要功能在于对计算机内部产生的信息进行监测，如果发现攻击信号或者危险信号，就需要将相关数据传输到处理器中。Manager的主要功能在于当计算机配置中出现警告信息时，及时对其进行响应，并且将相关内容发送到网络控制台。

(4) 入侵检测技术的相应工作模式。就计算机网络当中的入侵检测来讲，需要将不同的检测代理设置在不同网段当中，而代理的主要连接形式是由网络结构决定的。如果在使用过程中，网段运用总线连接，就只需要将检测代理和集线器的端口连接在一起即可；如果是使用交换机方式，交换机并不能实现媒介资源之间的共享，在使用过程中，只使用一个检测代理，则检测难以有效实现。因此，在使用时，需要将交换机中的核心芯片放置在调试的端口中，同时也需要将端口与检测系统连接在一起，或者将端口放在数据流的关键处，这样才能实现对数据的充分获取。在进行计算机网络安全维护的过程中，入侵检测技术需要在使用时以此模式为基础，进而使网络安全得到充分保证。

综上所述，入侵检测技术的使用，对网络安全的维护有重要现实意义。在计算机广泛

运用的背景下，几乎每个人都会在日常生活中接触到网络，而面对如此大量的使用群体，也使其在使用时具有较多的不稳定性，使网络安全受到威胁。通过运用入侵检测技术，能够使网络安全维护的实施更科学、合理。

第六章 计算机网络技术的多元化创新发展

第一节 信息化背景下互联网信息安全管理分析

“21 世纪是信息化社会，信息成为重要资源。随着我国信息化水平的提高，互联网信息与个人和国家利益息息相关，如果互联网信息安全出现漏洞，会严重破坏国计民生。因此，应全面掌握互联网信息安全问题，采取一定的措施。”①

一、互联网信息安全管理的相关概念

（一）互联网安全

互联网安全的概念定义为：互联网系统中以及计算机软件和硬件中的信息数据受到保护，不能因为有意或者无意的行为而遭受攻击、变更、泄露或删除，并且这些行为违背了信息数据拥有者的意志；网络系统和网络服务连续稳定地运行，不被恶意中断。

1. 互联网安全的特性

（1）保密性。指互联网信息数据不被随意泄露、窃取或公布于众的特性。

（2）完整性。互联网信息数据在储存和传播的过程中，未经有权主体的许可，不被更改、破坏和丢失的特征。

（3）可用性。在符合条件的用户需要时，互联网信息能被随时使用、传输、储存等满足用户要求的特性。

（4）可控性。互联网信息的使用和传播应当具备在合法范围内被控制的特性。

（5）真实性。互联网信息数据应当具体实在，禁止虚假信息的使用。

2. 互联网安全面临的威胁

互联网安全所面临的威胁主要包括以下五类：

（1）计算机病毒。计算机病毒是一种计算机程序，当计算机感染了病毒以后，可能产生运行速度变慢、系统损坏、信息数据丢失，更坏的情况是计算机主板损坏，硬件系统

① 周济.互联网信息安全问题及对策[J].电脑知识与技术，2019，15（36）：38.

瘫痪。木马攻击是威胁计算机安全的常见手段，计算机本身可能存在一些漏洞，而木马设计者可以轻松地通过木马程序对有漏洞的计算机系统进行攻击，危害计算机数据。

(2) 黑客攻击。黑客攻击是计算机的重大威胁，它不仅可能导致个人的信息数据泄露，而且可能导致国家军事单位、安全机构、政府部门和企业的计算机数据遭盗窃，损害公共利益。

(3) 自然因素。自然因素包括地震、洪水、计算机本身老化等。

(4) 网络犯罪。网络犯罪已经成为当前不可忽视的犯罪类型，其造成的危害性不比现实犯罪轻，甚至会比现实犯罪造成更大的损害。网络犯罪因其隐蔽性高等特点，正日益威胁着互联网的安全。

(5) 网络不良信息和违法信息。这些信息对网民的身心健康造成了重大危害，特别是对于青少年的危害，已经受到了社会的广泛关注。有的不良信息还可能造成社会的恐慌，危害公共安全。

（二）信息化

随着计算机技术的快速发展和新世纪的来临，人类已经进入了信息化时代；按照我国信息化发展战略报告中的观点，信息化是一种历史进程，是信息资源被人们充分开发，信息技术被人们充分利用，信息交流不断加深，以此来推动经济发展的优质化，实现社会经济结构转型的进程。

信息化的内容包含了信息基础设施建设、信息人才培养、信息技术的创新、信息产业的发展以及信息技术的应用等。信息化是一种生产力，为世界各国高度重视，信息化进程的步伐以及信息技术的发展，是国家竞争力的一个组成要素，对经济结构的优化、生产效率的提高、生活质量的改善、环境保护的推进等工作发挥着举足轻重的作用。

信息化带来了人类文明的进步，给人们提供了便捷，互联网的发展与运用是信息化的重要内容，也是信息化进程的重要推动力。但是，也应当看到，在信息化背景下，互联网的迅速发展带来了负面性的问题，网络安全问题便是其中之一，网络黑客攻击、网络犯罪等现象不断出现，这是人类文明进步的阻碍，因此解决互联网安全问题，是信息化时代必须面对的重要任务，也是推进信息化建设过程中必然要解决的问题。

（三）政府管理

在谈论政府管理之前，有必要对管理这个概念的内涵与外延进行深刻的认识。管理的定义可以这样表述，即在一个社会组织或社会团体中，为了实现预期的目标，以人为中心进行的协调活动。

1. 管理的要素

(1) 管理目的，管理都是有目的的，并且是预先设定的，不可能无目的地去进行管理活动。

(2) 管理的本质属性是协调，管理过程中需要进行协调，所有的管理活动离不开协调。

(3) 管理的主体是社会组织或社会团体，人与人之间的合作形成了社会组织，社会组织使人的预期目标与组织全体成员的共同目标相一致。

(4) 管理活动的中心是人，这是由社会组织的性质决定的，管理活动是围绕人的需求展开的。

(5) 管理的手段可以分行政手段、经济手段、法律手段和思想工作手段。

①行政手段是行政组织运用行政命令、行政指示等方式，对下属施加强制性影响的管理手段，具有快速、灵活、高效的特点。

②经济手段是通过调整各方面的经济利益关系，刺激主体的行为动力的管理手段。

③法律手段是指运用国家以及地方有效的法律法规文件进行管理的方式，具有强制性、规范性、概括性和稳定性等特征。

④思想工作手段是一种旨在提高人的思想意识的管理方法，具有目的性、科学性、启发性和长期性。

2. 政府管理的阶段

政府管理具有管理理论的基本内涵，政府管理，是指政府组织运用其所拥有的国家权力，对其所辖范围内的国家事务、社会事务和政府公共事务进行的一种管理活动。政府管理的内容包括经济建设、文教工作、基础设施建设、社会治安、环境卫生、国防建设、外交工作等。政府管理经历了一个比较长的发展过程，具体来说，有以下三个阶段：

(1) 统治型政府阶段。自从人类文明出现以后，从古代东方到古代西方，政府的核心职能都是政治统治，社会管理职能仅仅是当时的一个补充性职能，发挥的作用很微弱。管理的职能附着于统治职能，服务于统治职能的需要，这种状况一直持续了几千年。统治职能如此发达，是因为在农业社会，等级观念浓厚，统治者为了维护自身的地位，必须采用各种手段来强化自身的权力，才能实现对于社会的治理。

(2) 自由主义的管理型政府阶段。随着启蒙运动和资产阶级革命的发生，人的平等和自由的要求不断被重视，人民的思想也逐渐解放，自然经济基础被资本主义经济基础所取代，市场的自由化发展要求政府必须改变统治职能的核心地位，重视管理职能。统治型政府也不能再适应历史的发展了，管理型政府开始取而代之。从资产阶级革命起，经过了几百年的发展，以统治职能为核心的政府逐渐瓦解，以管理职能为核心的政府开始建立，这也标志着现代政府的真正建立。这个阶段的管理职能还是带着自由主义的性质，即政府充当“守夜人”的角色，尽量不干涉资本主义经济活动，主要是维护社会治安秩序的稳定和维护国家的安全，为资本主义经济的发展提供保障。

(3) 凯恩斯主义的政府管理。自由主义的政府管理对于资本主义经济的发展与腾飞起到了重要的作用。但是随着资本主义经济危机的爆发，这种自由放任的政府管理方式也产生了弊端，导致市场秩序混乱，经济危机不断加剧。而美国罗斯福政府则采取全面干预经济的方式来治理危机并取得了很大的效果。经济学家凯恩斯提出了政府解决市场缺陷的理论。实践和理论的变化开始呼唤新的政府管理模式，即尊重市场自由化的基础上，适度地进行干预，以解决市场失灵的问题。这种政府管理方式较为科学与合理，并且是目前政府管理模式的主流。

网络安全管理属于政府管理的内容之一，在信息化时代下，其在政府管理组成部分中的地位越来越突出，由于网络市场也存在失灵，因此政府的有度干预就必然存在，网络安全管理的重要性也就毋庸置疑。

二、互联网信息安全管理的理论基础

（一）社会契约论视野下维护国家安全的需要

社会契约论是近代产生的一种具有深远影响力的理论，对于法律制度、经济制度和政治体制等的建立都产生了很大的作用。近代思想家在对古代契约思想进行扬弃的基础上，建立了社会契约论的理论体系。社会契约论的代表性人物卢梭认为，经过全体公民一致认同的契约上建立的共同体，是带有道德和集体性质的共同体。卢梭对于主权和政府进行了明确的区分，他认为主权是一种带有精神力量的东西，而政府则是主权的执行者，政府是有形和物质的。政府执行主权，其目的只能是追求公共的幸福，除此之外，不能再有其他的任何目的。洛克也是社会契约论的代表者，他认为，生命、健康、自由和财产是人类最基本的要求，任何人都不能剥夺，自然权利的保障是自然法。自然法是自然权利的天然屏障，也可以说，理性是人性的天然实现者和保护者。

社会契约论对于政府管理有很大的指导作用，互联网的快速发展，网络信息数据在世界各个地方的传播速度也十分惊人，利用网络对涉及国家安全的计算机数据进行攻击的行为不断升级；互联网安全已经改变了传统的国家安全构成因素，成为继政治经济、军事、资源等因素之后的又一个影响国家安全的因素。由于互联网本身的开放性、平等性和廉价性，使很多非政府组织和个人也能利用互联网来从事威胁国家安全的活动，一个小小的事件都可以因为互联网的发酵作用而产生巨大的能量，演变成影响全局的重大事件，如果被别有用心的人利用，就会对国家安全和社会稳定造成威胁。按照社会契约论的主张，人民的委托是政府权力的正当性来源，政府权力由人民赋予，经过人民的选举活动，政府和人民形成了一种契约性的关系，附加于政府权力上面的，是政府应承担的责任，政府的责任也是由人民赋予的，政府应当以自己的行为对人民负责。在信息化时代，网络安全事件的频发危害国家安全时，政府理应对网络安全问题进行管理，消除危害，维护社会稳定和国家安全。

（二）治理理论中善治的要求

治理理论是当今比较流行的理论学说，具有深刻的内涵，治理理论起源于20世纪80

年代和90年代的一系列的政府和公司治理运动，世界银行也在20世纪90年代初期提出过银行治理方面出现的危机；联合国也强调治理理论特别是全球的治理。其理论渊源也比较丰富，主要有公共选择理论、新公共管理理论、新制度经济学中委托代理理论、有限政府理论和新自由主义思潮。

治理理论的内涵可以从以下两方面来把握：

（1）治理理论的价值意义是主体多元化，主体之间强调互动，主动进行治理。在一个治理区域内，具有治理权限的各个主体形成一种治理网络，相互信任，加强合作，各主体联动，促进治理网络的作用发挥最大化。

（2）自律性组织作为政府治理、市场治理的重要补充，自律组织的治理能发挥重要的载体作用，在复杂的社会环境中，三种治理模式相互配合，共同建构科学的治理范式。

作为当今比较流行的政府管理理论，治理理论强调善治，即尊重和保护人民大众自由权利的治理活动。善治就是使公共利益最大化的社会管理过程。善治的本质特征就在于它是政府与公民对公共生活的合作管理，是政治国家与公民社会的一种新颖关系，是两者的最佳状态。善治的要素包括：①合法性。合法性指的是社会秩序和权威被自觉认可和服从的性质和状态。②透明性。透明性指的是政治信息的公开性。③责任性。责任性指的是人们应当对自己的行为负责。④法治。法治的基本意义是，法律是公共政治管理的最高准则，任何政府官员和公民都必须依法行事，在法律面前人人平等。⑤回应。回应的基本意义是，公共管理人员和管理机构必须对公民的要求做出及时的和负责的反应，不得无故拖延或没有下文。⑥有效。有效主要指管理的效率。

互联网使人民感受到很大的便利，有很大的自由体验，同时，互联网也对人们进行了某种程度上的控制。在互联网中，人们并不是实质上的独立个体，他们之间存在虚拟性的社会关系，他们相互之间既有依赖又有影响。互联网虽然是虚拟的，但它不能脱离实际社会而存在，现实中的人是互联网生活的主体，互联网可以体现人的需要和思想，因此互联网仍然具有社会属性。政府必须对互联网进行安全管理，打击少数违法犯罪行为，才能保证大多数人在互联网上享受自由。这也是善治的具体体现。

（三）安全管理理论下维护网络社会秩序的要求

安全，是人的身心免受外界消极因素影响的存在状态及其保障条件，安全不是瞬间的结果，而是对系统在某一时期、某一阶段过程状态的描述。

安全管理，是指利用管理的活动，将事故预防、应急措施与保险补偿三种手段有机地结合在一起，以达到保障安全的目的。

安全管理可以分为宏观的安全管理与微观的安全管理，前者是指国家从政治、经济、文化、法律、组织等方面采取的安全管理活动，后者是指企业等生产部门对于安全管理所采取的活动；还可以分为广义和狭义的安全管理，前者是指安全管理的对象包括所有的社会活动，后者是指安全管理的对象仅仅包括生产过程。

安全管理对于控制事故发生有着重要的作用，如果改进安全管理，有利于减少绝大多数事故的发生；保障安全管理，才有可能提高工作效率，保障经济效益的提高；加强安全管理，也是人性化原则的体现，是保障人权的要求，是遵守法律的体现。

安全管理与互联网安全管理有着包容关系，互联网安全管理应该属于广义的安全管理，安全管理理论的一些基本原则、方法和规则，对互联网安全管理工作有很大的指导意义。运用安全管理理论来指导互联网的管理工作，建立较为科学的互联网运行管理体制，健全有关的法律法规，加强技术力量，充分解决实际工作中的突出问题，有利于维护网络社会的秩序。

三、互联网信息安全管理的强化策略

在人类进入信息时代的大背景下，互联网已经是人类社会不可或缺的一部分，是人类文明进步的主要因素之一。信息安全问题涉及技术和管理这两个层面。重视互联网安全管理问题，就是重视互联网的发展，就是对人类社会的健康有序发展的贡献。而如何做好互联网安全管理工作，是摆在全世界政府管理者面前的重大问题，需要本着服务人类、尊重互联网自身特点、遵守社会道德价值和法律的原则，选择科学合理的对策，才能有效促进互联网安全管理工作的顺利开展。

（一）强化网民的互联网安全管理观念

互联网安全管理不能只靠政府的具体实际行为，政府管理者和公众的互联网安全管理观念也是很重要的环节，具备了充分和先进的观念，才能科学地指导实践工作，才能使安全管理工作占领精神上的高地。

(1) 各级政府要高度重视互联网安全管理工作，认识到当前互联网发展的形势，提高警惕意识，注重从源头上治理互联网安全问题。

(2) 提升网民进行互联网操作的能力。如果没有一定的网络操作能力，也就可能难以进行网络安全隐患的防备，因为互联网属于高科技，对于其操作和使用是一个技术上的要求。要通过各种途径使网民都能了解杀毒软件、补丁程序的下载和使用，加深对于安全管理工具的熟悉程度。

(3) 加强互联网安全内容的宣传。可以通过举办互联网安全活动、网络安全管理方面的讲座等形式加强互联网安全管理方面的宣传。也可以通过国家级和省级电视台、互联网等载体，使公众能够方便地接受相关培训。另外，在培训讲座的内容选择方面要结合实际情况，要有针对性，主要介绍防止黑客攻击、网络犯罪、网络不良信息干扰和网络诈骗等这些方面的内容，使广大公众易于接受。

(4) 加强互联网安全管理的法制教育，不论是在针对学生的课程中还是针对社会公众的普法工作中，都要加入互联网法制课题，重点涉及对互联网安全方面的法律和行政法规的宣传，向公众传授有关的法律知识，提高其对于互联网安全管理法制的认识和理解，从而能够强化安全管理的法律意识，约束自己的行为，防止互联网安全问题的侵害。

（二）提高政府部门开展安全管理工作的能力

负责互联网安全管理的部门主要有信息、公安、工商、文化、宣传等，它们是我国党委政府机构的重要组成部分，在这种多头管理的体制下，如何提高其进行互联网安全管理的能力，是一个亟须解决的重大课题，只有安全管理的能力上了一个台阶，才能应对互联网安全隐患瞬息万变的态势，有效地破解安全难题。

1. 提高互联网安全管理的公众参与度

(1) 政策制定应当加大对民意的考量。信息化时代下的互联网发展，不仅仅是技术层面的进步，更是社会文明层面的进步，而推动网络社会文明进步的主要力量就是普通民众，他们在互联网安全管理方面能够发挥的作用越来越明显。政府部门应当采取包容的态度，积极回应网络民意，在制定安全管理政策时征求民意，集合广大公众的智慧。现代社会是一个风险社会，在进行政府政策制定时，往往依靠政府单一力量的模式难以有效预见复杂的风险，也难以有效确定科学的制度。只有充分依靠民众的力量，重视和关注民众关心的问题，倾听民意，才能真正发现问题，深刻理解问题发生的原因和规律，使政府决策增强预见性，同时也赢得了广泛的民意支持。在互联网安全管理过程中，政府要坚守为公共利益服务的原则，严格禁止权力滥用和权力寻租现象的发生，以尽职尽责尽心的态度搞好互联网安全管理工作。

(2) 借助公众的力量开展工作。上文已经论述，在安全管理政策设计时需要充分考量民意。而在具体开展互联网安全管理工作时，也需要借助人民的力量。网络安全问题在爆发时，往往具有隐蔽性和广泛性，政府管理部门的力量毕竟是有限的，而借助民众特别是某些社会组织的力量，可能会提高工作效率和效果。比如设立互联网安全问题举报中心，呼吁广大公众在发现安全隐患时能够及时举报。设立互联网安全问题展示网，不定期地发布某些存在安全隐患的互联网数据，介绍其特点、结构等，发布网络安全问题案例，帮助公众提高安全防范意识和警觉度。通过招募网络安全监管志愿者的方式，帮助管理者及时发现违法违规行为，提供解决网络攻击、病毒、网络诈骗的有效建议，共同形成针对互联网安全攻击行为的联防态势。

2. 加强互联网安全管理的技术能力

(1) 针对网络安全隐患的监管主要采取的是信息过滤和信息分级的方式，当出现违法内容或信息的时候，网络系统会通过路由器过滤或者过滤网关过滤的手段将这些违法内容和不良信息过滤掉。信息分级主要是将互联网信息数据进行级别分类，这种方式与电视、电影的分级制度有些类似，通过分级，将不同类型的信息提供给不同的需求者，而违法违规的信息数据则被屏蔽掉。这两种技术虽然发挥了很大的作用，但是也存在不少缺陷，例如过滤法的前提是字词资料库的存在，而这个字词资料库的内容是有限的，网络危险数据的内容是无限的，某些资料库存在的危险信息可以轻易地绕过过滤网。

因此，作为安全管理的部门要加大技术开发和创新的力度，安全管理措施要与互联网技术的发展保持步伐一致，要建立技术研发中心，引进高端的技术研发人才，加大资金扶持力度。另外，要鼓励和支持社会力量参与技术创新的过程中来，社会力量是我国进行网络安全技术开发所依赖的重要后盾，有很多网络技术人才默默地为社会做出贡献，在反病毒软件设计、防木马程序设计、反黑客攻击方面有很多造诣，因此管理部门要重视这些普通的贡献者，鼓励他们加强技术创新，为社会做出更大的贡献。

(2) 重视网络商务交易的安全管理方法。网络安全交易是互联网的一个重要业务板块，其安全状况的好坏直接关系到互联网安全管理全局工作。要拓宽安全管理维度，建立经营主体、商标、广告、市场、合同、反不正当竞争、消费者权益保护等多个维度，全面规范网络交易的秩序。积极拓展互联网监管的领域，对于网络中介、网络代购等比较新的商务交易方式进行探索，研究规范发展的对策。根据互联网交易市场的特点，探索建立分类别管理的模式，针对大型网上交易平台、违规次数多的网站，加大监测的力度和频度。对于可能涉及网络欺诈、网络暴力或者网络犯罪的行为，要予以重点关注和监测，防患于未然。

（三）建立互联网安全管理的有效机制

互联网安全管理需要科学有效的机制作为保障，才能使各项工作按照一定的原则、合理的程序开展，才能促进安全管理工作在正常的轨道运行，保障法律和政策发挥其应有的作用。

(1) 加强互联网安全管理政策形成与执行的科学化。有权机关指定互联网安全管理政策时应当遵循依法、科学、合理和吸取民意的原则，政策形成应当按照民主程序来进行，政策内容也应当具有可操作性与合理性。要加强对于政策执行的监管，强化纪律约束，建立科学的工作评价标准，保证有关互联网安全管理的政策能够得到有效的畅通，为该项工作的开展提供充分的动力。

(2) 强化专项治理行动。通过上述专门组织，以其为主导，进行长期性的专项治理行动。专项治理行动，能够在很短的时间内，形成打击互联网安全问题的正面影响，解决一些突出性问题，在社会上形成威慑力。专项整治活动需要协调各个参与部门的关系，发挥各部门的优势，要听取社会公众的意见，在整治活动中吸取经验教训，促进长效机制的顺利形成。

(3) 加强行业自律意识建设。最主要的是做好互联网行业自律体系的建设。一方面要加强行业自律规范的建立进程，结合互联网事业发展的具体情况，针对多发性的安全问题，制定合理的行业自律规范，互联网服务的提供者、电子商务的经营者等主体应当切实履行行业自律规范，树立职业伦理道德，坚决抵制互联网不良行为；另一方面要规范上网主体的行为守则，通过社会公共道德规范、法律制度的宣传等方式，使广大公众深刻理解网络不良行为的危害，减少肆意制造网络病毒、肆意进行黑客攻击的行为，避免网络谣言的散布和蔓延，树立文明上网的理念，约束和规范网络言行。

(4) 建立互联网安全问题的预警制度。当发生可能危害国家安全、危害公共安全以及大规模的财产安全的互联网行为时，预警机制的重要性就会凸显出来。互联网安全管理的专门机构要主导各级政府、大型企业等建立预警制度，加强网络安全监测和处置。当发生重大网络安全事件时，监测机构能够及时发现问题并向管理者报告，监测机构能够进行重大问题的分析和判断，研究重大安全问题的特点和运行规律，制订出治理预案。并且能够单独或者协同其他部门对重大安全问题进行有效处理。这样的预警机制对于解决复杂的网络安全问题将会起到重要作用。

第二节　基于计算机视觉的景区人群密度估计技术

一、计算机视觉的相关技术

（一）计算机视觉与感知技术

计算机视觉与感知技术是计算机模拟人类的视觉过程，是一项具有环境感知能力和人类视觉功能的技术。计算机视觉技术通过对采集的图片或视频进行处理，获得相应场景的三维信息，在机器人、无人机、自动驾驶、智能医生、VR/AR 等领域广泛应用。机器视觉需要图像信号，通过对纹理和颜色建模，进行几何处理推理以及物体建模。

计算机视觉与感知技术在景区景点的应用主要在于对监控视频和人数统计的检测方面，包括图像处理、模式识别或图像识别、景物分析、图像理解等。图像处理技术可以通过预处理和特征抽取等方式把输入图像转换成具有所希望特性的另一幅图像。例如，可通过处理使输出图像有较高的信噪比，或通过增强处理突出图像的细节，以便下一步检验。模式识别技术可以从图像抽取的特性信息，例如分割区域的识别和分类。图像理解技术超越描述图像本身，进一步描述和解释图像所代表的背景，因此需要计算机视觉技术学会关于景物成像的物理规律以及景物内容相关的知识。

作为人工智能一个重要研究领域，计算机视觉感知技术备受当前智能制造界关注。随着全世界计算机技术的成熟，加之人工智能蓬勃发展，计算机视觉感知技术深受无人机、自动驾驶、智能机器人、自动化消防、VR 等领域的青睐，它充当着智能产品的“眼睛”，发挥着不可替代的作用。

计算机视觉感知技术基本原理，就是对摄像机捕捉的图像按具体参数要求，综合运用图像识别处理、信号处理、概率统计分析、计算机信息处理等技术，进行感知、理解、分析，得到想要的关键数据信息，并据此做出相应的操作。通过这一技术就赋予了产品“生命”，使它们像人一样在各种环境中应对自如，进而实现产品智能化、自动化。

（二）视觉感知技术流程

1. 识别图像捕捉

图像捕捉是视觉感知技术能够进行下去的先决条件。通过接入的监控系统，连接摄像机（这里要求摄像机配置较高，具有自动聚焦功能）捕捉清晰的动态或者静态图像。

图像识别是识别提取关键数据的重要预处理环节，参照抓取图像时摄像机的位置及深度，依靠成熟的图像算法技术，运用多摄像机定位技术进行位置定位。在此基础上，利用MATLAB 软件生成相应算法，对图像进行数字化处理。

2. 获取特征匹配

在用 MATLAB 软件生成算法对图像数字化处理时，需要确定一个参数：像素位置，用 P 来表示。一般利用多图叠加效应定位像素，获得 P 值，像素匹配则依据所匹配的 P 点数量及位置关系匹配。使用对极约束，对图像在匹配区域内做视觉处理，计算出共面环境中像素点二维坐标系统 x、y 方向位移。

在像素点未发生变动的情况下，像素点所生成的应是直线，且处于 x 方向；在发生移动时，采用位移计算来识别物体，原理为计算 x 和 y 方向变化量确定变化点位，测量点位变化距离，生成匹配特征向量。值得注意的是，在计算时需要考虑到摄像机偏离误差，这是因为即使精确度极高的摄像机在实际图像处理操作时，也无法保证移动时百分百做到水平或垂直，所以要针对偏离误差做矫正计算，提高精确度、准确度。

3. 视觉匹配计算

在获取特征向量的基础上，构建模型算法。首先定义多摄像机平均焦距为 k，视觉差为 m，任意场景下匹配点深度为 D。其中 m 可通过不同图像间像素匹配点坐标计算出来，这里匹配点须在重构的图像区域，这样其高度差异排除在外，从而提高计算准确度，达到数据精准识别目的。在研究总结已有视觉算法的基础上，构建获取匹配点深度 d 的算法模型：

$$D = k / m \tag{6-1}$$

4. 检测识别目标

分类、辨析、检测是目标识别常用方式，而识别目标物体是视觉处理的首要目的，相同类别参量和特征值确定是完成这一识别过程的关键点。就智能景区管理系统研究而言，人体识别是主要的研究方法，而人体位置和具体运动情况是完成识别过程所需要计算和判定的两个关键点。

采用卷积神经网络对人体运动神经网络融合技术，可大幅提高人体姿态识别精确度，当识别时，特别是出现不同维度变化情况，数模复杂程度增加时，时序信息的处理还应采用神经网络技术，同时循环记忆。人体特征值在二维空间环境中的计算可用卷积神经网络技术完成，对不同图像解析时充分利用卷积方式、连续性特性，结合多帧图叠加原理，进行精准分析，当识别到时序信息编码数据并存储。由于二维分析具有一定的局限性，在实际操作中三维卷积计算方式常被使用，这样计算不同维度匹配点深度时，参照网络模型匹配深度，可以提高精确度。通过对图像解析中得到的时序向量进行计算，完成人体特征外形捕捉、轨迹运动计算，从而检测识别出图像中的人体情况。

（三）传统人群密度估计模型

1. 人群密度估计模型流程

人流量变化是景区安全管理中一个极其重要的因素。人流量变化直观体现在监控图像中，建立在站级接入监控系统之上，构建了基于监控图像的人群密度估算模型，来实现不同场景下人群密度的快速估计。

人群密度估计模型处理流程是：人群监控图像—图像预处理—前景分割—特征提取—密度估算与分级。

2. 图像预处理

考虑到当前景区监控普遍是彩色图像，直接对彩色图像处理较为复杂，为简化计算，提高效率，先对监控图像进行灰度处理和划分。有效区域 Ec 划分两个层次的预处理操作。

（1）灰度处理。由于灰度图仅由图像亮度决定，与三基色 RGB 无关，所以灰度处理即颜色到亮度转换。基于三基色对亮度方面的贡献不同，采用浮点公式（6-2）计算每个像素点灰度值，完成灰度处理图像。

$$Gs(i,j) = 0.3R(i,j) + 0.59G(i,j) + 0.11B(i,j) \tag{6-2}$$

(2) 有效区域 Ec 划分。监控图像中可能出现无人区域，为减少不必要的运算代价，利用人体识别技术，依据人体距图像边缘距离 d，确定无人区域并黑化，保留 Ec 图像，这里距离 d 的系数取 0.95。

(3) 前景分割。如何将提取背景中提取有效部分进行处理，是人群前景分割中所需要解决的，一般采用黑白像素法在图中标识出来。这里采用基于背景减法的人群分割算法。

(4) 特征提取。当估算人群密度遇到人体重叠情况时，通常用纹理特征分析法进行解决。因为人群密度决定图像纹理特征，计算纹理特征向量即可对人群密度分级，然而此分析法不适用于低密度人群。综合各纹理分析法优劣后，结合灰度、矩阵等知识，决定采用包含空间灰度共生矩阵、分形盒维数分析法的复合纹理分析法。

①空间灰度共生矩阵分析。以二阶联合条件概率密度 $P(i,j|\,d,0)$ 为基础的空间灰度共生矩阵（GLCM）统计法，将空间上图像的灰度分布图尽可能完整地展示出来。

这里 $P(i,j|\,d,0)$ 指相隔距离为 d，方向为 0，灰度级分别为 i、j 的像素对出现的概率，ij = 0，1，2，…，N-1，N，是图像的灰度级数，生成一个 $N\times N$ 共生矩阵。一对（d，è）生成一个矩阵，这里è一般取 0°、45°、90°、135°，而 d 本文取 1。运用 GLCM 分析法，可分析并计算出方差、惯性矩、能量、熵、相关性、和方差等 14 个统计量，结合实际，选用其中作为特征，分别是惯性矩、能量、熵、相关性。归一化灰度共生矩阵计算出每个方向上惯性矩、能量、熵和相关性 4 个纹理参数值。为优化计算，减少计算量，再进一步计算 4 个参数标准差、均值，然后合并为 8 维向量纹理特征。

②分形盒维数分析。用某边长小立方体覆盖被测物体所用的数量称为分形维数，其中盒维数因其简单高效而被广泛应用。盒维数定义：用个边长为 å 的小盒子（å 的数值一般为 2 的幂次方形式）对被测对象进行覆盖遮挡时所用的数量。值得注意的是，考虑到分形内部缝隙、空洞等会导致若干空小盒子情形，非空小盒子数量才是统计时所要确定的。

不难理解，å 值越小，N（å）越大；反之，N（å）越少。将 å、N（å）用对数形式在对数坐标中全部标出，计算所得直线斜率绝对值，即为盒维数 D 值。计算式如公式(6-3)所示：

$$D=\lim_{\varepsilon\to 0}\frac{\log N(\varepsilon)}{\log(1/\varepsilon)}=-\lim_{\varepsilon\to 0}\frac{\log N(\varepsilon)}{\log(\varepsilon)} \tag{6-3}$$

将 D 与前面的计算得到共生矩阵的 8 个参数合为 9 维特征向量，经过支持向量机（SVM）对人群监控图像序列训练分类处理，最后得出人群密度估算结果。

(5) 密度估算与分级。利用获得的 9 个特征向量构建与人群密度间的关系，可用于人群密度估算与分级。人工神经网络、Adaboost、支持向量机（SVM）等是分级中模式识别里常用的分类器，选用高效支持高维数、非线性、小样本情况的 SVM 对人群密度分类。将人群密度划分 3 级：高密度、中密度、低密度，采用 DAC-SVM 法，构建 3 个

SVM 分类器，结构如图 6-1[①] 所示：

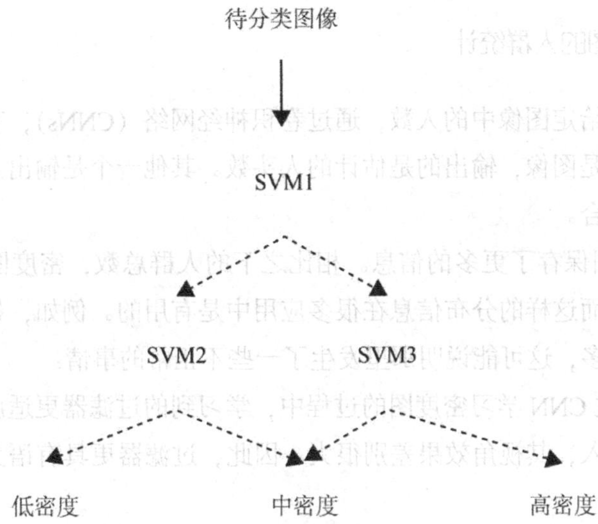

图 6-1 SVM 人群密度分级

SVM 人群密度结构布局使得所有分类器皆是两类分类，其中 SMV1 对待分类图像分类，生成中高密度或中低密度图像，SVM2 是中低密度分类器，确定图像人群中低密度等级,SVM2 是中高密度分类器，确定图像人群中高密度等级。它们均应用径向基核函数，即：

$$K\left(x_i, x_j\right)=\exp\left\{-\frac{\left|x_i-x_j\right|^2}{\sigma^2}\right\} \tag{6-4}$$

输入的 N 维特征向量 $X=$（X_1，X_2，···，X_n），σ 数值取 1.4。实验时，样本人群密度级别由人工判别，作为分类器输出数据，9 维特征向量作为输入数据，将测试出的样本密度级别与准确数据对比，判定准确率。

二、基于 GNN 模型和 MCNN 模型对比的人流密度估计模型

（一）MCNN 模型

基于卷积神经网络的新框架（CNN），用于任意静止图像中的人群计数。更具体地说，该研究提出了一个多列卷积神经网络（MCNN），其灵感提出了用于图像分类的多列深度神经网络。在这些模型中，一个任意的预处理的输入，可以训练出多少列的不同方式。然后通过对所有深度神经网络的单个预测进行平均，得到最终的预测结果。该研究的

① 花广彬.基于多尺度卷积神经网络的中小型景区人群密度估计安全预警研究[D].淮南：安徽理工大学，2021：13.

MCNN 包含三列卷积神经网络，其滤波器的大小不同。输入的 MCNN 是图像，它的输出是人群密度图。其积分给出了总的人群数量。

1. 基于密度图的人群统计

要估计一个给定图像中的人数，通过卷积神经网络（CNNs），有两个自然配置。一种是网络，其输入是图像，输出的是估计的人头数。其他一个是输出人群的密度图，然后得到人头数通过整合。

（1）密度图保存了更多的信息。相比之下的人群总数，密度图给出了给定图像中人群的空间分布。而这样的分布信息在很多应用中是有用的。例如，如果一个小区域的密度比其他地区高得多，这可能说明那里发生了一些不正常的事情。

（2）在通过 CNN 学习密度图的过程中，学习到的过滤器更适应不同大小的头，因此更适合于任意输入，其视角效果差别很大。因此，过滤器更具有语义意义，从而提高人群计数的准确性。

2. 通过几何自适应核的密度图

由于 CNN 需要经过训练来估计人群的数量从输入图像中提取密度图，密度图的质量会影响输入图像的质量。训练数据中给出的数据在很大程度上决定了该研究方法的性能。该研究首先介绍如何将一个形象与标签化的人头到人群密度的地图。如果在像素 X_i 处有一个头，该研究将其表示为三角函数 δ （x-xi），即：

$$H(x)=\sum_{i=1}^{N}\delta\left(x-x_i\right) \tag{6-5}$$

3.MCNN 网络架构

由于采集视频时透视效应会引起摄像失真，图像中通常包含尺寸非常不同的头部，因此具有相同尺寸的接受场的滤波器不太可能捕获不同尺度的人群密度特征。因此，使用具有不同大小的局部接受场的滤波器来学习从原始像素到密度图的地图是比较自然的。受多列深度神经网络（MDNNs）的成功激励，该研究提出使用多列 CNN（MCNN）来学习目标密度图。在该研究的 MCNN 中，对于每一列，该研究使用不同大小的滤波器来模拟不同尺度的头所对应的密度图。例如，具有较大接受场的滤波器对于建模大目标对应的密度图更有用。

MCNN 的整体结构包含三个平行的 CNN，其滤波器具有不同大小的局部接受场。为了简化，除了过滤器的大小和数量，该研究对所有列使用相同的网络结构（conv-poolingconv-pooling)，除了过滤器的大小和数量，对每个2×2的区域采用最大池化，并采用整流线性单元（ReLU）作为活化单元，因为它对CNNs具有良好的性能。

4. 目标函数

为了降低计算复杂度（需要优化的参数数量），使用较少数量的滤波器来进行计算。CNNs具有较大的过滤器。将输出的特征图堆叠为所有CNN，并将它们映射到密度图上。要绘制特征映射到密度图上，采用的滤波器大小为1×1，然后用欧几里得距离来测定估计密度图的差异和地面真相。损失函数定义如下：

$$L(\theta)=\frac{1}{2N}\sum_{i=1}^{N}\left\|F\left(X_i;\theta\right)-F_i\right\|_2^2 \tag{6-6}$$

式中：θ——MCNN中的一组可学习参数；

N——训练图像的数量；

X_i——输入图像；

F_i——图像X_i的地面真实密度图；

$F\left(X_i;\theta\right)$——MCNN生成的估计密度图，它对样本X_i的参数化为θ；

L——估计密度图与地面真实密度图之间的损失。

（二）MCNN模型的实验环境及配置

1. 实验配置及网络训练

网络训练和测试的硬件和软件环境是在CPU Xeon（R）Silver 41122.6GHz，GPU NVIDIA GeForce GTX1080ti，PyTorch深度学习框架。

2. 评价指标

以绝对误差（*MAE*）和均方误差（*MSE*）来评估不同的方法，其定义如下：

$$MAE=\frac{1}{N}\sum_{1}^{N}\left|Z_i-\hat{Z}_i\right|,MSE=\sqrt{\frac{1}{N}\sum_{1}^{N}\left(Z_i-Z_i\right)^2} \tag{6-7}$$

式中：N——测试图像的数量；

Z_i——第i张图像中的实际人数；

$\hat{Z}_i$——第 i 张图像中的估计人数。

粗略地讲，*MAE* 表示估计的准确性，*MSE* 表示估计的稳健性。

3.Shanghaitech 数据集

由于现有的数据集并不完全适用于所考虑的人群计数任务的评估，故引入上海科技大学分享的大规模人群计数 Shanghaitech 数据集。其中包含 1198 张注解图片，并有 330 165 人的头部中心被注释。Shanghaitech 数据集是最大的一个数据集，该数据集由两部分组成：A 部分有 482 张图片，其中是随机从互联网上抓取的，716 张图片在 B 部分是取材自上海的繁华街道，人群比大多数现有数据集更具挑战性。同时包含 A 部分和 B 部分分为培训和测试。300 张 A 部分的图像用于训练，而其余的 182 张图片进行测试；B 部分的 400 张图片为训练用，测试用 316 张。

（三）基于 GNN 模型和 MCNN 模型对比的人流密度估计模型实验结果及分析

1. 基于 CNN 下的人群密度估计模型

通过端到端的训练 CNN 网络来提取输入图像的人流密度图，并通过密度图来得到最终的人数统计。通过对图片进行数据预处理操作，包括对图像进行 resize、对 label 进行对应的映射，使其与 resize 后的图像对应。通过读取解压文件里的信息，对所有可视化图片进行标注信息，通过获取图片的宽度及图片长度，进行标注。根据图片的大小，对图片的来源进行分类，统计出所有以点为图中每个人标注的样本。如果标注是一个坐标不是区域，根据像素个数使用高斯滤波变换生成密度图，假设人体是使用方框标注的，通过求均值的方法将框变为点。

2. 基于 MCNN 下的人群密度估计模型

解压文件，生成预处理文件，先对 Shanghaitech 数据集进行预处理操作，通过读取数据集中的图片，读取图片中的坐标和人数，对所有图片进行画坐标点以及标注处理，并通过缩放图片，对已经标注的坐标点进行检测标注是否正确。

定义读取数据函数，计算 *d_avg* 函数，该函数用于计算 *d* 平均，之后函数会调用，与此同时定义读取数据函数，也就是标签函数，该函数的目的是获取 Ground Truth。在此基础上，通过绘制 Ground Truth 的密度图，与此同时获取密度图人数和实际人数的对比。

通过校验模型和其损失函数计算该模型的错误率，获得错误率图表，分别表示训练集的错误率以及测试数据的错误率。

三、基于CRSNet模型的人流密度估计模型

（一）CRSNet模型

之所以选择VGG-16作为CSRNet的前端，是因为它具有很强的转移学习能力，而且架构灵活，便于后端进行密度图生成的协整。在CrowdNet中，直接从VGG-16中刻画出前13层，并增加一个1×1卷积层作为输出层。由于没有进行修改，导致性能非常弱。使用VGG-16作为密度级分类器，对输入图像进行标签化处理，然后再发送到最合适的列的MCNN，而CP-CNN则结合了以下结果。在这些情况下，VGG-16作为辅助工具，并没有显著提高最终的精度。先将VGG-16的分类部分（全连接层）去掉，构建提出的CSRNet与VGG-16中的卷积层的输出大小，在VGG-16中使用卷积层。这个前端网络是原始输入大小的1/8。如果继续堆叠更多的卷积层和池化，输出尺寸将进一步缩小，很难产生高质量的密度图。

CRSNet模型设计的关键部件之一是扩张卷积层。一个二维的扩张卷积层定义如下：

$$y(m,n)=\sum_{i=1}^{M}\sum_{j=1}^{N}x(m+r\times i,n+r\times j)w(i,j) \tag{6-8}$$

$y(m,n)$是输入$x(m,n)$和滤波器$w(i,j)$的扩张卷积。输入也长度和宽度分别为M和N。参数r为扩张率。如果r=1，则扩张卷积变成了普通卷积。扩张卷积层在分割任务中已经被证明可以显著提高精度，它是池化层的一个很好的替代方案。虽然池化层被广泛用于保持不变性和控制过拟合，但它们也大大降低了空间分辨率，意味着特征图的空间信息丢失。解卷积层可以缓和损失信息，但额外的复杂性和执行延迟可能不适合所有情况。扩容卷积是一个更好的选择，它使用稀疏核，交替使用池化和卷积层。这个特征扩大了接受场，而不需要增加参数的数量或计算量（例如，增加更多的卷积层可以得到更大的接受场，但引入更多的操作)。

在扩张卷积中，将$k\times k$滤波器的小尺寸内核放大到$k+(k-1)(r-1)$，扩张步长r，它可以在保持相同分辨率的前提下，灵活地聚合多尺度的上下文信息。为了保持特征图的分辨率，与使用卷积+池化+解卷积的方案相比，扩张卷积显示出明显的优势。

（二）CRSNet模型的训练方法

下面具体介绍CSRNet的训练细节。通过利用常规的CNN网络（无分支结构），使CSRNet易于实现，部署速度快。

I.Ground Truth

按照 MCNN Ground Truth 生成密度图的方法，该研究使用几何自适应内核来处理高度拥挤的场景。通过使用高斯核（归一化为 1）模糊每个头部标注，考虑到每个数据集的所有图像的空间分布，生成地面真相。几何自适应内核被定义为：

$$F(x)=\sum_{i=1}^{N}\delta\left(x-x_i\right)\times G_{\sigma_i}(x),\text{with}\sigma_i=\beta\overline{d}_i \tag{6-9}$$

为了生成密度图，将$\delta(x-x_i)$卷积为一个参数为σ_i（标准差）的高斯核。其中 x 为图像中像素的位置。在实验中，$\hat{a}=0.3$，且 $k=3$。对于有稀疏人群的输入，调整高斯的核到平均头部大小，以模糊所有的注释。

2. 训练详情

使用一种直接的方式来训练 CSRNet，作为一个端到端结构，前 10 个卷积层是由训练有素的 VGG-16 进行微调的。对于其他层，初始值来自 0.01 标准差的高斯初始化。随机梯度采用固定学习率为 le-6 的 SGD。在训练过程中，选择欧几里得距离为衡量地面真相和该研究生成的估计密度图之间的差异，它与其他的密度图相似。损失函数如下：

$$L(\theta)=\frac{1}{2N}\sum_{i=1}^{N}\left\|Z\left(X_i;\theta\right)-Z_i^{GT}\right\|_2^2 \tag{6-10}$$

式中：N——训练批次的大小；

$Z\left(X_i;\theta\right)$——CSRNet 生成的输出，参数如 θ 所示；

X_i——输入图像；

Z_i^{GT}——输入图像 X_i 的结果。

3.UCF_CC_50 数据集

UCF_CC_50 数据集包括 50 张不同的图像。批注的数量每幅画像的人数从 94 人到 454 人不等，平均每幅画像的人数最多，数为 1280，按照标准设置进行 5 倍交叉验证。

（三）CRSNet 模型的实验环境及配置

在五个不同的公共场所展示方法数据集 [18，3，22，23，44]，与之前的先进方法 [4，5] 相比，模型更小，更准确，更容易训练和部署。对上海科技大学 A 部分数据集进行了分析。在进行了消融研究，评估和比较提出的所有方法中，对以前最先进的方法整合得到五个数据集。模型的实现是基于卷积神经网络 Caffe 框架。

l. 实验配置及网络训练

UCF_CC_50 数据集中使用的训练和测试的硬件和软件环境是在 GPU Xeon（R）Silver 41122.6GHz，GPU NVIDIA GeForce RTX2080ti，PyTorch 深度学习框架。网络训练的优化方法时 SGD（Stochastic Gradient Descent，随机梯度下降）方法，动量（momentum）为 0.9，权重衰减为 0.0005，学习率为 le-7。

2. 评价指标

MAE 和 *MSE* 被用于评价，其定义为：

$$MAE = \frac{1}{N}\sum_{i=1}^{N}\left|C_i - C_i^{GT}\right| \tag{6-11}$$

$$MSE = \sqrt{\frac{1}{N}\sum_{i=1}^{N}\left|C_i - C_i^{GT}\right|^2} \tag{6-12}$$

其中，*N* 是一个测试序列中的图像数量，和 CGTi 是计数的基本真理。C_i 代表的是估计人数，其定义如下：

$$C_i = \sum_{l=1}^{L}\sum_{w=1}^{W} Z_{l,w} \tag{6-13}$$

L 和 *W* 表示密度图的长度和宽度。而 *zl*，*w* 分别是生成的（1，*w*）处的像素密度图。使用 PSNR 和 SSIM 来评估质量的输出密度图，以计算上海科技大学 A 部分数据集的 PSNR 和 SSIM。为了计算 PSNR 和 SSIM，按照预处理程序给出的结果，其中包括密度图的大小调整（相同的大小与原始输入），并对地面真相和预测密度图进行插值和归一化处理。

（四）基于 CRSNet 模型的人流密度估计模型的实验结果及分析

解压数据集，查看一下训练集和测试集的图片数量，随后加载相关类库，查看 train.json 相关信息，重点关注 annotations 中的标注信息，train.json 中 annotations 里的 name 记录的是训练集的位置，可以看到与该研究解压的位置不同，需要将 name 中的“stagel/”去掉，通过初始化密度图去判断如果 gt 中不为 0 的元素的个数，后对图片进行预处理操作，主要是对图片进行resize、归一化，将方框标注变为点标注。随后对密度图进行处理，由于模型最终输出图像的大小为原始输入图像的 1/8，这里就需要把真值密度图尺度缩小到 1/8。

在图片预处理完成后，通过对查看从标定的数据集生成的密度图效果。

四、游客安全可视化管理平台设计与实现

（一）系统设计目标

系统设计的总体目标是实现一个适用于当前中小型景区现代化管理需求的可视化智能管理信息系统。通过此系统，景区管理人员可以更加全面地掌握景区景点信息、安全隐患、环境状况等，也可以对景区的突发状况进行快速高效的反应，增加办公效率，提高服务水平。而一般用户也可以方便快捷地浏览景区可视化信息平台信息，查询景区基本信息、实时新闻、游览人数，以便更好地规划出行。具体的设计目标包括：

(1) 具有让人眼前一亮的展示页面。通过收集景区的优美的自然风光图片充实网站页面，配合生动简洁的文字说明，在最快的时间内迅速吸引游客的眼球，让人感到心驰神往，对即将到来的旅行充满期待。

(2) 操作方便、反应快捷的交互表单。提供搜索、查找等快捷功能，系统操作简洁明了，使用户能够迅速熟悉和掌握，具备基础的用户注册、登录、注销表单。最重要的一点是，游客可以实时查询到景区的在园人数。

(3) 设计完备、高效的管理功能。设计管理、景区可视化信息平台管理功能，使得管理员可以通过景区可视化系统平台，了解景区各地方的实时情况，用技术支持全面提高景区的管理效率和水平。

（二）平台总体架构分析

本次建设的平台须接入旅游景区监控摄像头，合并集成前期建成的旅游景区的视频监测点，本次平台建设好后形成旅游景区的管理能力，同时并预留后期景区监控点的接入需求；系统集成画面通过景区片区示意图或表格方式按景点信息进行查询及公告；对下辖各个监控片区基本信息进行管理，包括定位坐标、景点环境、基础设施、建成时间、历史沿革等；可通过手机终端访问操作平台；平台应当考虑到景区安全保障和应急管理的相关系统设计。如图 6-2[①] 为平台总体架构设计图。

① 花广彬.基于多尺度卷积神经网络的中小型景区人群密度估计安全预警研究[D].淮南：安徽理工大学，2021：30.

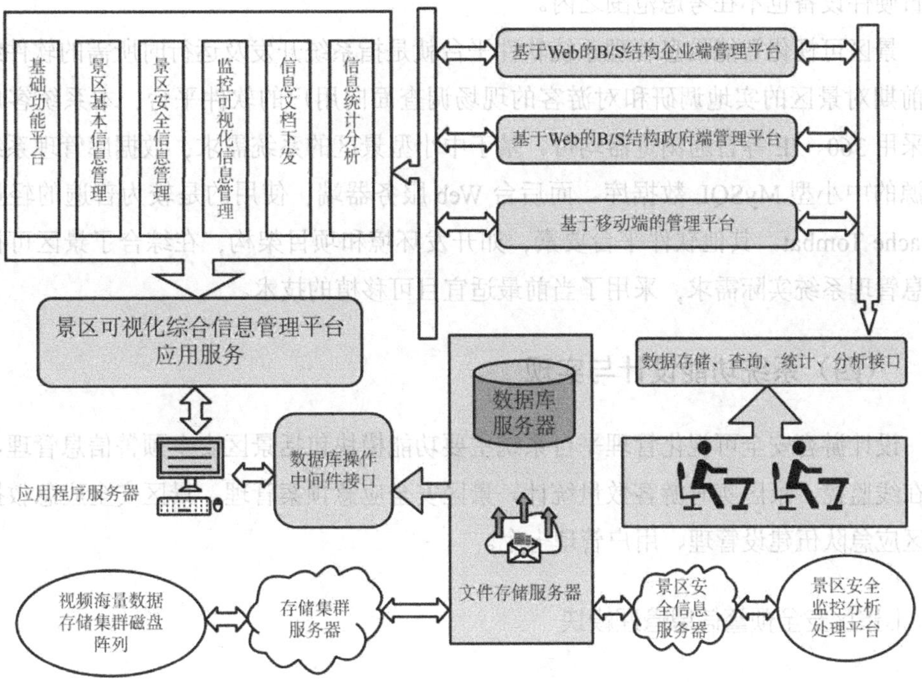

图 6-2 平台总体架构设计图

（三）系统平台设计

系统平台设计分为软件平台和硬件平台。除了各种抽象的框架、算法、程序，系统平台最终实现还需要采用一系列的基础设施支撑，即软硬件支持，这也是将要实现一个完整的景区可视化管理平台的重要组成部分。景区可视化智能信息管理系统网站部署 Web 服务器上。系统前台即用户端，景区可视化智能信息管理系统软件平台的功能设计已经进行了详细的描述，对系统的子模块也进行了详细的介绍。根据实际情况，设计的景区可视化智能信息管理系统主要功能包括景区安全预警信息管理、景区游客在线监控、景区实时游客数量统计、景区安全应急预案管理、景区安全应急救援管理、景区应急队伍建设管理、用户管理七个。

系统另设有管理模块，管理子模块主要由景区可视化信息平台管理员从后台操作对景区可视化信息平台进行增删改查等操作。该模块具有搜索、增加、删减等功能。实现景区可视化智能信息管理系统，管理是关键环节。为了方便管理，系统前台需要描述直观、准确，为管理员的操作提供更加直白的引导。这样才能使新系统得到有效的推广和使用。

景区可视化智能信息管理系统硬件平台就是系统实现需要的硬件支持。考虑到中小型景区的特点，设计的系统尽量能够使用现有的硬件设备进行实现。同时，基于新的景区管理系统需求，如稳定、安全、可扩充、易于维护，要使系统完整实现，无法满足要求的低配置硬件设备也不在考虑范围之内。

景区可视化智能信息管理系统软件平台就是指系统开发及运行时所需的软件组合。根据前期对景区的实地调研和对游客的现场调查面向用户的软件平台，本系统客户端浏览器采用 360、IE 等普通浏览器均可。基于中小型景区的系统需求，数据库管理系统是选择开源的中小型 MySQL 数据库。而后台 Web 服务器端，使用的是较为普遍的轻量级软件 Apache Tombat。其他软件平台要素，如开发环境和项目架构，在综合了景区可视化智能信息管理系统实际需求，采用了当前最适宜且可移植的技术。

（四）系统功能设计与实现

设计游客安全可视化管理平台系统主要功能模块包括景区安全预警信息管理、景区游客在线监控、景区实时游客数量统计、景区安全应急预案管理、景区安全应急救援管理、景区应急队伍建设管理、用户管理七个。

1. 景区安全预警信息管理模块

分别对景区内所有景点的游客安全发布的预警信息进行管理。能够及时对游客的生命和财产安全有及时的预警效果。同时可以让游客在景区游玩时提高安全意识，避免景区安全风险的发生。

2. 景区游客在线监控模块

在线监控功能模块先要做到可以对景区各个区域监控数据及配套设施的物联网信息进行查看、调取、分析等集中化管理。目前景区已经安装了监控系统，同时景区的各个主要景点、游客服务区、主要路口等也安装有监控摄像。为了实现在线监控功能，先要保证将监控网络布局整个景区，根据实际情况，可以选用多种类型的摄像机和云台，包括低照度摄像机、广角摄像机、宽动态摄像机、定点 / 动点云台等。对于大多数中小型景区来说，设置一个总控中心就足够使用，也可看情况增设分控中心，选用相应路数的视频光端机，通过光纤将视频信号传输到总控中心。在总控中心设置监控主机和数据服务器，用来统一管理所有监控设备。通过用户等级权限设置，景区管理员和游客可以在线接入不同数量和位置的监控摄像头视频，既可以让管理者实时监控旅游景区人员流量和设施设备服务情况等，又可以让游客实时直观地了解景区游客密度情况。

此外，可以在景区安装电子门票系统，在景区大门处进行验证，实现当日进园人数和实时在园人数的统计，当然此举对于出入口比较多的景区来说从经济可行性角度考虑并不现实，比较适用于出入口单一的中小型景区。统计的游客数据可以在两个地方呈现：一是在景区入口处设置 LED 屏幕及（或）景区各区域的 LED 电子屏上进行实时的发布，让游客根据实时人数来合理安排自己的行程路线；二是在管理后台动态显示，让管理员（售票人员等）根据实时人数和景区最佳承载人数的比对，在景区游客数量过多时，适时减缓售票窗口的售票速度和网上放票数量，实现对进园游客数的调控。

管理员用户可以在登录系统后进行各项操作，包括通过可视化信息管理平台对景区各个监控图像进行实时监控。

3. 景区实时游客数量统计模块

在景区实时游客数量统计模块界面，游客可以查看人流动态，可以查询景区当前的实时客流量。

4. 景区安全应急预案管理模块

景区安全应急预案管理功能是针对当前景区可能发生的风险情况建立预防机制，通过针对不同风险设置相应的应急预案措施，以保障游客在景区游玩过程中的安全，降低风险的发生。

5. 景区安全应急救援管理模块

景区安全应急预案管理功能是针对景区可能发生的风险情况进行应急救援演练，该功能包含应急救援演练的组织名称，救援演练人员名单以及救援方案的内容和演练时间，通过应急救援管理功能，可以针对景区可能发生的风险情况进行及时的控制。

6. 景区应急队伍建设管理模块

景区应急队伍建设管理是建设景区自己的救援队伍，每个救援队伍都需要有单独的负责人，负责人的联系方式，以及队伍的救援范围，通过对每个救援队伍进行及时的应急救援演练，可以在景区风险发生时有效地抑制危险的发生，有效保障游客生命和财产安全。

7. 用户管理模块

由于用户管理是用户接触系统的直接界面，因此首页设计要简单、易操作。景区可视化信息平台包括对用户的增删改查操作，针对不同的用户会有不同的权限以及不同的用户等级，针对他们在整体实时在线系统中不同功能的操作设置不同的权限。

第三节 智慧教育理念下信息技术与学科教学深度融合

一、智慧教育理念下信息技术与学科教学深度融合的相关概念

（一）智慧教育

智慧教育并不是一个全新的概念，国内外对于智慧教育的定义虽然颇为丰富但没有系统定论。对智慧教育的研究分为理论研究、技术探索和应用研究三个走向，国内对于智慧教育的提出可以回溯至钱学森倡导的“大成智慧学”，这为以后智慧教育的理论研究提供了一个理论与技术相结合的新框架。

2008 年, IBM 的智慧地球战略提出之后催生出很多新概念，智慧教育便是其中之一。我国在 2019 年发布的《中国教育现代化 2035》中明确指出要利用信息技术开展智慧教育以探索新的教育体系形态。技术的发展为教育提供了精准化、个性化的教育模式，拓宽了思考空间，丰富了内涵，突破了时空限制，拉近了虚拟与现实之间的距离。对智慧教育较为统一的认识是以现代新兴信息技术为基础，通过构建新型的、能适应特定的教与学需求的智慧化教学环境，借助先进技术减少机械重复的教学任务转入更有价值、智慧性的教学任务中，实现学习者问题解决能力、协作能力和创新思维等能力的提升。

多年的教育信息化发展为信息时代的智慧教育奠定了基础，不单是教育环境的智慧化，还是教学方式、教育管理和教育评价的智慧化，是技术支持下的高度发达的新型教育形态。关于智慧教育的研究尚在发展之中，从我国现有的相关研究中可以看出，对其理论知识的研究探讨居多而实践探索相对较少，其实智慧教育的真正实现还是来源于整个社会教育观念的变革，在推广过程中不可忽视其中学生、教师、学校和社会的角色转变及相互作用，构建一个全面有效的智慧教育体系。

智慧教育是营造一种信息化教学环境，以先进信息技术为支持，有效地与教学过程相融合，将丰富教学资源与传统学习环境融为一体，合理高效地实施教学方法、教学策略和组织教学活动的数字化教学形式，通过对教师和学生教与学行为产生的数据进行收集与分析，形成有效的个性化精准教学。实现“教师主导，学生主体”的自主探究式教与学方式，变革传统教学结构。相较于传统课堂教学，以信息技术为支撑的智慧教学，更重视学生的课堂主体地位以及学生独立思维能力的培养。

（二）信息技术与学科教学的深度融合

作为最先进的生产力，信息技术在各个领域中的应用都取得了很大的成效，但在教育领域却还大部分仍停留在手段或工具层面，更遑论显著提升教育质量。解决问题的关键在于，由信息技术支持的教育系统需要进行重大的结构性变革。深化信息技术与学科教学结合的基础，是创造新的信息教学环境，能够支持真实情境的导入、思维的启发、信息的收集、资源的共享、相互协作和自主探究。随着科技的进步，课堂上计算机和投影仪等设备的使用早已司空见惯，从本质上讲，这种单向的教学方法与传统的“黑板+粉笔”教学方式并无不同。学科教学与信息技术的深度融合通常包括硬件设施和软件系统。深度融合的成功实现，只有擅长应用信息技术的教师是远远不够的。

信息化教学要实现三个标准：第一，课堂用。信息化教学系统不是只有特定学科才能用，而是在普通教室内皆有配置，师生在日常课程中皆可使用。第二，经常用。不是在给人观摩学习的公开课上采用而是平常上课就在使用。第三，普遍用。不是只有个别特殊班级或学生才可以使用，而是要尽可能地让所有学生、所有学科都能用到。这三点能够有效促进发展信息技术与教学的深度融合。

（三）有效性教学

判断教学的有效性需要参考学生是否在过程中有所发展。信息技术与学科教学深度融合的有效性是指，通过信息技术支持的课堂教学活动使学生在学业上得益，综合能力有提高并获得了发展。可以把学习时间、学习结果和学习体验作为考量有效性学习的三个指标，它们相互关联并且相互制约，具有内在统一性。

从学生角度来讲，学习时间是基础，通过一段时间的学习来提高学习效率，加强积极学习体验的基础；学习结果是重点，提高学生的学习能力不仅可以提高学习效率，还有助于学习体验的提升；学习体验也是同样重要的学习结果，学生得到积极的学习体验，学习态度端正，学习效率和结果也会与之相应提升。综上所述，以上三个因素对于学习效果有效性的考量有着重要意义。提高学习效率、提升学习效果、强化积极的学习体验是有效性学习的方向和目标。

从教师角度来说，有效教学对学生学习的促进包括直接与间接两方面。对于大多数学校来说，在促成信息化教学过程中的一大困难，就是教师没有建立起可复制的教学模式，教师基本上已形成相对稳定的个人教学经验或教学过程，但这些经验未被具体化，影响教师之间教学经验的分享。当个体教学经验与信息技术相遇，往往使得教师被信息技术的各种功能所迷惑，将更多注意力放在如何使用技术上，却把自身的教学经验抛诸脑后。因此，将教学经验模式化，教师将自己的教学经验编成可重复的教学模式，从教学本位出发思考组合模式的合理性，以及每一环节应该使用哪些技术以及如何被使用，也不失为一种贯彻信息技术与学科教学深度融合的方法。

二、智慧教育理念下信息技术与学科教学深度融合的理论基础

（一）智慧教育理念

信息时代的智慧教育已经是教育信息化的前沿研究方向和关注热点。关于智慧教育的学术概念尚未形成共识，这里的智慧教育是指以物联网、云计算、大数据、泛在学习、虚拟现实、人工智能等新兴技术为基础，通过智能设备和互联网，实现更具个性特点和数字化特征的现代教育体系的构建。智慧教育致力于为学生提供开放、个性化和智能化的教育，在以网络和智能技术为支撑建立的智慧学习环境中，通过信息技术与教学的深度融合，实现促进学生发展的目的。然而，不应把智慧教育只当作是在教学中引入硬件设备和信息技术的过程，它更是转变教育观念和教学思想的过程，目的在于培养具有创新能力的人才。

从国内外对智慧教育的相关研究中可以看到，各领域对智慧教育内涵的认识是多样化的，这就使得智慧教育的研究发展出在智能技术支持下的教育，促进学生智慧发展的教育两种研究取向，分别从信息化教学环境下的智慧教育的实施策略、管理及情感诉求设计，和现象学视角两方面对智慧教育进行研究。当然，不管是何种取向的研究，都务必要解决教育应该培养什么样的人、如何培养人的问题。

我国对智慧教育的研究尚处于起步阶段，智慧教育的实施需要智慧的教学法、学习实践和学习评价，但是对于如何设计和实施新型教学模式等相关问题的探究还不够清晰明确。虽然智慧教育是偏向技术支持的教育环境，但仍聚焦于学生学习风格的一致性，思维和问题解决能力的培养，协作学习和个性化学习的实施。因为对智慧教育解读的侧重点不同，可以把探索价值取向和关注实际操作分别作为智慧教育的目的和手段，理论指引实践，实践践行理论指导，两者互相承接完善智慧教育的概念。信息技术的不断创新，使得智慧教育理念下的教学，在应用过程中更适应教学需求。在教学中，借助技术实现的教学形式多样，如电子白板、教学云平台、人工智能和虚拟现实等，都是智慧教育理念的体现。

（二）信息技术与学科课程深度融合理论

实现教育信息化目标的重要途径，是随着计算机与互联网技术发展而逐渐被应用到教学中的信息技术，其与学科教学的融合虽然改变了传统的教学模式，丰富了教学的形式和内容，但关于信息技术与文科课程深度融合的研究内容还是相对比较少的。从已有的新型融合教学模式探索中可以看出，它们所强调的都是促使学生积极主动地获取、筛选知识，提升对知识的加工、应用能力，促进学生思维模式的系统连续性。

1. 理论研究

信息技术与学科教学的融合不仅仅是教学内容的呈现方式受到影响，还有包括教学理念、教学方法、教学设计和教学评价等方面在内的整体学科体系的改变，深度融合的范围在不断延伸，教师对技术的认识及技术与课程的融合所持有的观念也与之息息相关。

当前对技术应用有以下三种不同的观点：

(1) 持有自然科学视角下技术整合观的教师，往往更专注于教学媒体和教学工具对学科教学的促进作用，在学科教学中持续地引入各种应用、工具和媒体。

(2) 持有社会学视角下技术观的教师，认为信息化教学还应该重视人与社会的协调发展。近些年可视化、模拟化的学科教学资源及各种学习平台的大量涌现，将抽象化的学科知识变得更为直观、易接受，大大激发了学生的学习兴趣。

(3) 从人类学的角度看待技术整合问题，在信息技术应用层面上，教师也受制于信息技术。信息技术的应用旨在促进课程教学的发展，但却导致了教学方法上的局限和教学主体的脱节。

2. 技术应用

在教学中应用的主要类型包括教学软件、教学平台和工具软件，随着技术的不断提升，仿真技术、可视化教学、虚拟现实等从简单的嵌入课程到与课程整合，到课内外结合深度融合教学。例如，创设教学情境，将问题通过丰富的多媒体形式形象可感地展示出来，学生能深入理解问题；在写作教学课上，学生写作往往是个人自由发挥，缺少思维之间的碰撞，借助信息技术，多人在线编辑协同完成写作，学生的不同写作风格得以展示，写作时间得以缩减，作文品质得到提高。为了根植于学科核心素养的发展意蕴，实现信息技术与学科教学的深度融合对工具理性的超越，应重新认识、进一步思考，谋求信息技术与学科教学深度融合的价值。只有信息技术能够真正审视清楚语文学科的核心素养，它才能实现跨越功效理性。

3. 有效性教学理论

有效性教学的理论界定可以从宏观层面和微观层面区分，宏观来说有效性教学是所有教学理论中能有效促进教学目标的教学过程，微观来说使学生在教学过程中获得更好的学习效果。通俗来说，在不违背教学活动的客观规律前提下，尽量少地投入时间和精力，促进和培养学生的个性发展，达成尽可能好的教学目标。有效性教学包括效果、效率和效益三方面，教学活动的结果和预期教学目标一致性水平越高越有效果；学生的学习状态、对所讲内容的接受程度和学习收获，是否能够深刻理解并学以致用，师生以尽可能少的投入换取较多的回报即教学有效率；教学目标与社会和个人的特定教育需求是否符合及符合的程度与教学活动的效益息息相关。

在课堂教学过程中，影响课堂教学质量的基本四个因素为作为教学主导方的教师、作为学习主体的学生、作为教学基本依据的教材和开展教学活动的环境。确定教学目标、选择教学内容、组织教学过程、运用教学方法等都由教师主导，教师调动和指导学生的学习目的、学习动力、学习积极性和学习方法。教学行为对教学效果有直接影响，想提高课堂教学有效性，就需要增加有效教学行为。

因此，提高教师的教学效率是提高课堂教学质量的主要方法，通过教师有效的教促进学生有效的学。首先，激发学生的学习动机；其次，明确学生必须完成的学习目标和内容，让学生有意识地参与其中；最后，教学时可借助一些技巧让学生更易于理解接受。互联网的出现改变了传统的知识传递方式，知识的快速更新和便捷获取使得终身学习成为可能，教育信息化时代的有效教学不仅能促进学生的发展，还有教师的进步，实现了教学相长。信息技术在教学活动中的应用充分考虑了其能给学生的学习环境和形态所带来的变化，对教学内容和教学对象进行系统科学的分析，对不同能力水平的学生都能给予与之相符的帮助与支持，通过师生、生生之间多维度的交流互动，教师更多承担起引导者的角色，指导学生协作学习，自主构建知识体系，实现有效性教学的目的。

4. 建构主义学习理论

建构主义认为，学习是学生在已有知识和经验的基础上，通过新旧知识与经验的相互作用，形成、丰富和调整自己的认知结构，构建知识意义的过程。建构主义的观点分别体现在知识观、学习观、学生观和教学观。建构主义知识观包括：知识是主观的、动态的，不是正确的现实表达，只是对现实的一种可能更准确的解释和假设；知识不能准确概括世界的规律，具体问题需要具体分析，针对具体情景进行再创造；知识能够得到合理运用的前提是知识经验为人所认同和接受，每个人对同一事物的理解都是基于自身经验背景构建起来的。

建构主义学习观包括：学生不是被动接受外部信息，而是主动对信息进行选择加工处理，在教师和他人引导下发挥自己的主体性，建构对现实世界的意义；学生通过参与特定的社会文化，自我感悟相关的知识技能。学生之间的经验具有差异性，不存在对事物理解的唯一标准，因此可以通过学生之间的合作互动使学生对事物的理解更丰富全面；知识不是干瘪的符号或词语，而是来源于具体的、情境性的、可以感知的活动。实践是检验真理的唯一标准，情境性活动对学生理解、掌握和创造知识有很大帮助。

建构主义学生观包括：强调学生的经验世界具有丰富性的特点，在接受学校教育之前学生已经具备一定的知识经验。除此之外，还具有差异性特点，学生在活动交往中基于自身经验背景形成自身对具体问题的理解，因此每个学生都有个性化、独特的经验及认知风格。因此，在教学时不能忽略学生已具备的经验，而要把学生现有的知识和经验作为新知识的生长点。

建构主义的教学观，根据建构主义的知识观和学习观来说，教学不是传递客观确定的已有知识，而是创设与学习相关的真实情境，让学生尽可能融入和现实相关的情境中，作为学习整体的一部分，促使学生积极构建知识意义。由此可见，教学活动必须以学生现有的知识和经验为基础。在教师的引导和启发下，学生主动思考、建构和生成，这同时也符合新课程改革的基本思路。信息技术可以为建构主义倡导的教学环境提供强有力的技术支撑，同时，建构主义为信息技术与学科教学的深度融合提供了有效的理论指导。

三、智慧教育理念下信息技术与学科课程深度融合的教学设计

（一）智慧教育理念对深度融合的启示

1. 教与学方式变革是核心

信息技术与学科课程深度融合的核心与落脚点，就是改革传统的教学方法和学习方法，改变昔日以教师为中心、忽略学生主动性和创造性培养的教学方式，构建“教师主导一学生主体”的新型教学方式。因此以培养创新型人才为目标的信息技术与学科的深度融合，就需要围绕创建新型教学方式来加以实施。信息时代，传统的知识灌输方式已经无法满足时代发展需要，靠死记硬背掌握的知识或技能逐渐失去价值，学生需要掌握的，是从海量信息中查询、收集、选择、处理和应用所需信息的探索式学习技能。信息传播媒介增多，传播形式多样，突破教育外延、空间和时间的限制，可以让学生在任何时间、任何地点获取信息。

智慧教育应当实现知识学习与现实生活相结合，可以在任何地方进行高质量的学习。利用现代信息技术将虚拟场景与真实世界精心设计融合，给学生以环境沉浸感，感知抽象的知识概念，在多元的情境中使学习成为一种切身经历。教与学方式的变革使学生的独特学习体验受到重视，鼓励学生学习解决问题的方法。学生在已有知识经验的基础之上，将新知与已有知识相联系，加深对知识的理解，建立自己的认知体系，完成对其他问题情境的有效迁移。

2. 教学环境构建是基础

纵观教育发展史，教学环境的变化几乎是微不足道的。科技的进步使得现代信息技术对教育领域的发展、演变起着至关重要的作用，教育理念和教学组织形式乃至教学环境都发生了巨大改变：开展教学的物理场所变成万物互联的智能空间，每个学生都掌握学习的主动权，智慧教学系统可以利用大数据技术跟踪学生学习过程，了解学生的认知水平和特

征，向学生推送适配的学习资源，提供精准的学习支持；教学空间呈现形式更丰富灵活，教师可以开展更多样的教学活动，学生有更多的包括实践性场所在内的活动交流空间，使学生的社会发展也能得到进一步提升；完善教育教学改革的深度交互网络学习空间，加强对互动数据的收集、分析和处理，根据学习需求拓展学习资源、学习路径和检索路径。为师生互动提供更适切的可行方案，建立可以远程合作、即时教学的高质量教育空间。

构建新型教学环境下的教与学方式是未来教育工作者的主要方向，秉承以学生为中心的教育理念，促进学生对知识的理解，学生主体作用得到充分发挥，满足学生多元化、个性化和智慧化发展，以及深度学习和问题解决能力的培养。

3. 师生有效互动是重点

智慧教育理念下的课堂教学改革和教学效率的提高，如师生互动，借助新的信息技术可以实现有效提升。师生有效互动的关键，首要创设课堂教学情境，学生能积极主动地融入其中。教师的及时引导和启发是实现师生有效互动的关键，在教学活动中师生双方都要充分发挥自己的主动性，教师在其中的角色地位决定了教师是互动的引导者，教师的主动更加体现在对学生的引导启发，而学生的主动在于积极思考和积极体验得到充分激活。教师要在分析教材的基础上，利用与信息技术的深度融合，突破传统教学内容并重新组合设计，使教学内容的呈现方式有利于师生互动的施行。学生的积极性和思维被激发后，教师要适时进行调控，不断唤醒学生对学习的热情，促使学生更深入地探索问题。

课堂教学评价也是师生有效互动的重要组成部分，学生通过及时反馈的评价系统，错误得到及时纠正，体验进步树立自信；教师通过反馈及时调整教学方式，注重学生的学习模式和个体差异，提高教学水平。师生的有效互动要使学生的主体地位得到充分体现，能够提升学生认知和思维水平的有效互动。师生在教学互动中皆为主体，二者同样重要。新的互动关系产生新的效应，形成持续的思想共鸣。

4. 思维提升效果是关键

语言和思维是紧密相连的，如果没有语言，思想就会失去根基，而没有思想，语言就无法表达。通过训练学生观察、理解和应用语言的能力，提高思维能力以适应教学改革的需求，以此提高教学质量。因此，在当前积极倡导创新性教育改革的大潮中，要让学生形成卓越的创新力，就重点需要发展学生的思维能力。思维训练要尊重学生的个体差异，学生思维的发展应基于教师和学生的情感经验，促进学生发现、分析和解决问题的能力。

（二）信息技术与学科课程深度融合的有效性教学活动设计

1. 整体框架设计

当下的教学有时会忽略单元的内在联系与共通性，单篇课文教学形式的教学效率和效果都不够理想，不利于学生自学能力和综合思维能力的培养，以及系统完整知识体系的形成。单元整体教学设计主张创设真实情境，完成真实任务，从学生的生活经历出发，把学习的过程设计为完成任务和开展活动的过程，帮助学生感知、使用和建构语言，促使学生实现从学习者到参与者的转变。

任何形式的教学方式都要通过某种教学模式才能实现，通过建立基于Big6的单元整体教学模式，以结合信息技术创设情境和任务驱动为主，从教学前的系统化教学设计到实际的教学情境及最后的学情评价，通过参与整个教学模式和教学活动的课程实施、师生互动以及学生合作学习的情境等过程，把教材中每个单元作为一个整体，紧扣单元主题的单元整体教学的新型教学模式。Big6取向是一个以解决信息问题为主的过程模式，一个成功的信息问题解决必须经过六个阶段：定义问题、信息搜寻、获取信息、运用信息、整合信息和评价。在单元整体教学设计方面，以单元主题进行课程设计，学生可以选择各种策略搜寻信息，教师将信息技术融入教学过程，学生将信息技术素养能力呈现在作业或报告中。将教学过程设计为三个阶段，分别是起始阶段、实施阶段和总结阶段。

2. 核心要素分析

教学改革是提高学生知识素养，实现三维目标有机融合以及落实新课程标准要求的重要环节。

首先，单元主题的确定，根据教学需求和教材中的组织单元形式，可以发现大多以人文主题、文体类型和学科能力进行组合，因此需要从单元内找到一个能够将其作为整体串联起来的主题，学生通过对单元内的学习，掌握与单元主题相关的学习技能，并能在实际生活中加以运用。

其次，课文篇章的组合，在单元开篇选择激发学生兴趣的文章作为导读篇目，引发学生对单元主题的主动思考，促使学生不断去探寻问题的答案。精读课文与泛读课文相结合，通过精读教学生阅读方法，泛读让学生“举一反三”将学到的方法加以运用，同时训练学生的学习迁移能力拓宽思维深度。要实现知识的迁移和应用，不能仅仅依靠课堂上的单元篇章学习，还要鼓励学生课外阅读，推荐相应阅读书目，开展独立自主阅读活动。

最后，根据单元整体教学目标设计的前测，既可以检测学生自主学习的效果，又可以让学生初步了解本单元将要学习的内容，而教师通过前测的结果，可以了解班级整体和学生个体对单元知识的掌握程度。

3. 教学活动序列设计

单元整体教学活动的基本流程，大致上分为三个阶段六个步骤，在起始阶段发现并确定主题，确定目的，实施阶段收集并分析信息，拟订计划，实施活动，总结阶段交流共享。

第一，精心设计问题情境，激发学生自已发现问题、提出问题的兴趣，充分发挥学生主观能动性，引导学生通过多渠道调查访问，对收集到的具体数据、材料和事例主动探究，从而确认主题。

第二，组织引导学生在真实任务情境下利用工具、资源和平台，积极主动地交流探讨，围绕确定主题进一步确定目的。改变以往单篇课文教学，学生被动接受知识的现象。

第三，学生根据确定的主题，结合学生自身的经验和需要，群策群力共同确定信息来源，收集与主题相关的资料信息并进行分析加工。

第四，学生选择适当的方式选录与主题相关的信息，拟订之后的学习计划。信息技术为教学提供了良好的技术支撑，更是施行单元整体教学的有力保证。

第五，通过主题探究和团队协作的方式实施活动。主题探究以学生的自主探究为主，而团队协作就需要学生之间交流互相配合，完成任务。

第六，评价活动的过程及结果，学生呈现学习成果，师生共同交流共享经验。评价包括过程性评价和总结性评价。过程性评价包括个人自评、小组互评和教师评价三种形式。学科能力和学习习惯作为评价的标准，为增加学习评价的有效性，可以加入检测性和操作性高的内容。总结性评价以当场提问和纸笔测试结合的方式综合进行。随着教学的推进，教学活动序列也会进行相应的调整。

参考文献

[1]谷利国，陈存田，张甲瑞，等.防火墙策略应用管理研究[J].信息与电脑(理论版)，2020，32（21）：31-32.

[2] 郭倩林 . 防火墙技术在计算机网络安全中的应用对策 [J]. 网络安全技术与应用，2021（05）：7-9.

[3] 郭宇 . 智慧教育理念下信息技术与学科教学深度融合的应用实践研究 [D]. 锦州：渤海大学，2021：10-18.

[4] 何恩南 . 计算机网络安全及防火墙技术分析研究综述 [J]. 珠江水运，2020（18）：51-52.

[5] 花广彬 . 基于多尺度卷积神经网络的中小型景区人群密度估计安全预警研究 [D]. 淮南：安徽理工大学，2021：7-37.

[6]黄薇，卢立常，万鹏.空间信息传输网络层协议分析[J].无线电工程,2009,39(12)：2.

[7]蹇诗婕，卢志刚，杜丹，等.网络入侵检测技术综述[J].信息安全学报,2020,5(04)：96-122.

[8] 李宝敏，徐卫军 . 计算机网络安全策略与技术的研究 [J]. 陕西师范大学学报（自然科学版)，2003，31（1）：30-32.

[9] 李海燕，王艳萍 . 计算机网络安全问题与防范方法的探讨 [J]. 煤炭技术，2011，30（9）：261-263.

[10] 李康，陈清华，卢金星 .HTTP 协议研究综述 [J]. 信息系统工程，2021（05）：126.

[11] 李莉，万佩真，孙莉 . 试论网络安全技术与网络犯罪的关联性 [J]. 企业经济，2009（6）：184-186.

[12] 李玲 . 计算机机房安全管理存在的问题与措施 [J]. 信息与电脑（理论版)，2019，31（22）：172.

[13] 李翔宇，于景泽 .DES 加密算法在保护文件传输中数据安全的应用 [J]. 信息技术与信息化，2019（03）：23.

[14] 李晓宾，李淑珍 . 计算机网络面临的威胁与安全防范 [J]. 煤炭技术,2011,30（7）：198-199.

[15] 李彦，范兴亮 . 计算机网络技术 [M]. 镇江：江苏大学出版社，2017.

[16] 刘宝旭，马建民，池亚平 . 计算机网络安全应急响应技术的分析与研究 [J]. 计算机工程，2007，33（10）：128-130.

[17] 刘新宇 . 企业计算机网络与系统安全 [J]. 安全与环境工程，2002，9（2）：37-39.

[18] 刘艳 . 计算机网络信息安全及其防火墙技术应用 [J]. 互联网周刊，2021（19）：43-45.

[19] 柳岸青 . 网络安全技术与内部控制审计 [J]. 江苏商论，2003（5）：130-131.

[20] 陆怡 . 计算机网络安全问题与防范方式研究 [J]. 煤炭技术，2012，31（11）：237-239.

[21] 史海莲 . 探析计算机网络发展趋势 [J]. 科技资讯，2016，14（13）：18.

[22] 汤劢 . 信息化背景下互联网安全管理研究 [D]. 长沙：中南大学，2013：8-14，27-32.

[23] 王金平 . 计算机网络安全中的防火墙技术应用 [J]. 软件，2022，43（02）：58-60.

[24] 王琦，黄宗伟 . 基于大数据分析技术的网络入侵检测方法 [J]. 微型电脑应用，2021，37（02）：21-23.

[25] 王震 . 计算机网络安全的入侵检测技术分析 [J]. 中国信息化，2021（12）：61-62.

[26] 温翠玲，王金嵩 . 计算机网络信息安全与防护策略研究 [M]. 天津：天津科学技术出版社，2019.

[27] 肖鑫 . 数据中心机房火灾预防及风险控制 [J]. 电子技术与软件工程，2019（20）：191.

[28] 杨国正，陆余良，夏阳 . 计算机网络拓扑发现技术研究 [J]. 计算机工程与设计，2006（24）：4710.

[29] 杨敏 . 计算机网络安全新技术研究 [J]. 激光杂志，2015，36（12）：156-158.

[30] 张驰 . 互联网信息安全问题及其对策 [J]. 北京邮电大学学报（社会科学版），2009，11（05）：22.

[31] 张海，张焱 . 计算机网络与信息安全系统的建立与技术探究 [J]. 煤炭技术，2013，32（4）：242-244.

[32] 张继成 . 计算机网络技术 [M]. 北京：中国铁道出版社，2019.

[33] 张素文，杭小庆，方晓文 . 计算机网络的安全问题及技术防范 [J]. 科技进步与对策，2001，18（7）：138-140.

[34] 张馨蕊 . 论防火墙技术在计算机网络安全中的应用 [J]. 电脑编程技巧与维护，2021（01）：161-163.

[35] 赵威 . 计算机网络的安全防护与发展 [J]. 煤炭技术，2011，30（10）：100-102.

[36] 赵悦红，王栋，邹立坤 . 计算机网络安全防范技术浅析 [J]. 煤炭技术，2013，32(1)：224-225.

[37] 周济 . 互联网信息安全问题及对策 [J]. 电脑知识与技术，2019，15（36）：38.

[38] 周文婷，朱姣姣 .DES 加密算法的一种改进方法 [J]. 计算机安全，2012（09）：47.